Parlons sciences

DES MÊMES AUTEURS

ŒUVRES D'YVES GINGRAS

Les Origines de la recherche scientifique au Canada. Le cas des physiciens, Boréal, 1991.

Pour l'avancement des sciences. Histoire de l'ACFAS (1923-1993), Boréal, 1994.

Science, Culture et Nation, textes de Marie-Victorin choisis et présentés par Yves Gingras, Boréal, 1996.

Histoire des sciences au Québec (en collaboration avec Luc Chartrand et Raymond Duchesne), Boréal, 1997.

Du scribe au savant. Les porteurs du savoir de l'Antiquité à la révolution industrielle (en collaboration avec Peter Keating et Camille Limoges), Boréal, 1998 ; coll. « Boréal compact », 1999.

Éloge de l'homo techno-logicus, Saint-Laurent, Fides, 2005.

ŒUVRES DE YANICK VILLEDIEU

Demain la santé, Québec science éditeur, 1976.

Le Québec sur le pouce, Éditeur officiel du Québec, 1978 et 1984.

La Médecine en observation, Boréal, 1991.

Un jour la santé, Boréal, 2002.

Yves Gingras

Parlons sciences

Entretiens avec Yanick Villedieu
sur les transformations de l'esprit scientifique

Boréal

Les Éditions du Boréal reconnaissent l'aide financière du gouvernement du Canada par l'entremise du Programme d'aide au développement de l'industrie de l'édition (PADIÉ) pour ses activités d'édition et remercient le Conseil des Arts du Canada pour son soutien financier.

Les Éditions du Boréal sont inscrites au Programme d'aide aux entreprises du livre et de l'édition spécialisée de la SODEC et bénéficient du Programme de crédit d'impôt pour l'édition de livres du gouvernement du Québec.

Photo de la couverture : Chris Harvey. Dreamstime.com

© Les Éditions du Boréal 2008
Dépôt légal : 1er trimestre 2008
Bibliothèque et Archives nationales du Québec

Diffusion au Canada : Dimedia

Catalogage avant publication de Bibliothèque et Archives nationales du Québec et Bibliothèque et Archives Canada

Gingras, Yves, 1954-

    Parlons sciences : entretiens avec Yanick Villedieu sur les transformations de l'esprit scientifique

    Comprend des réf. bibliogr. et un index.

    ISBN 978-2-7646-0582-0

    1. Sociologie et sciences. 2. Sciences – Histoire. 3. Sciences et civilisation. 4. Sciences – Méthodologie. 5. Gingras, Yves, 1954- – Entretiens. I. Villedieu, Yanick, 1947- . II. Titre.

Q175.5.G56   2008   303.48'3   C2008-940457-2

Introduction

Yanick Villedieu — *En guise d'introduction, j'ai pensé qu'il serait utile de rappeler les origines de la tradition des chroniques scientifiques présentées à la radio. Mais avant cela, un mot peut-être sur les débuts même de la radio, car il s'agit après tout d'une technologie qui a eu une influence culturelle énorme au XXe siècle.*

Yves Gingras — Depuis les premières expériences du physicien allemand Heinrich Hertz (1857-1894) au cours des années 1880, lequel avait détecté les ondes électromagnétiques prédites en 1865 par le physicien britannique James Clerk Maxwell (1831-1879), les techniques de transmission des ondes électromagnétiques se sont rapidement développées. Mais on peut commencer en 1896 quand Guglielmo Marconi (1874-1937) dépose un brevet sur une méthode de transmission des ondes radio. Puis, l'inventeur canadien Réginald Fessenden (1866-1932) réussit à transmettre la voix humaine en décembre 1900. Après ces essais en quelque sorte expérimentaux, la radio deviendra une nouvelle industrie et la compagnie de Marconi sera l'une des plus importantes firmes sur ce nouveau marché. Au Québec, le journal *La Presse* passe d'ailleurs un contrat avec Marconi qui installe une station émettrice sur le toit de son immeuble de la rue Saint-Jacques, à Montréal. La station CKAC commence ainsi ses émissions en 1922.

Y.V. — *On comprend rapidement que cette nouvelle technologie peut être un vecteur de culture et un outil d'éducation populaire.*

Y. G. — En 1929, en effet, le gouvernement du Québec demande au secrétaire général de l'Université de Montréal, Édouard Montpetit (1881-1954), d'organiser des cours et des conférences sur différents sujets à la radio de CKAC deux fois par semaine. Ce sera l'émission *L'Heure provinciale*. À compter de 1931, l'université crée sa propre *Heure universitaire* et ses professeurs y donnent des cours et des conférences sur différents sujets. Même l'Église catholique comprend l'intérêt du nouveau média et met sur pied en 1931, toujours à CKAC et le dimanche, bien sûr, *L'Heure catholique*!

Les ondes n'ayant pas de frontières et le Québec n'ayant encore que trois stations émettrices en 1931, les récepteurs radio captent surtout des postes américains et les auditeurs s'abreuvent donc de culture américaine, ce qui amène le gouvernement fédéral à mettre sur pied en 1936 la Société Radio-Canada (SRC) pour offrir aux Canadiens des contenus locaux. Augustin Frigon (1888-1952), ingénieur et principal de l'École polytechnique de Montréal en devient le premier directeur général adjoint. Il avait auparavant coprésidé la commission d'enquête Aird-Frigon sur la radiodiffusion, chargée en 1928 de présenter un rapport au gouvernement fédéral sur l'avenir de la radio au pays, ce qui avait mené à la création, en 1932, de l'ancêtre de la SRC, la Commission canadienne de radiodiffusion. Professeur de Polytechnique puis principal de cet établissement à partir de 1935, Frigon est sensible à l'éducation et en 1941, il crée le service Radio-Collège, dont il confie la direction à Aurèle Séguin qui en assurera la direction jusqu'en 1950. Sur le plan scientifique, c'est le chimiste Léon Lortie (1902-1985), professeur à l'Université de Montréal et très intéressé par l'enseignement radiophonique, qui le met en contact avec des professeurs susceptibles de participer aux émissions, comme il le fera lui-même d'ailleurs.

On peut donc dire que c'est avec Radio-Collège, qui diffuse des émissions de 1941 à 1956 que commence vraiment à Radio-Canada la tradition des causeries radiophoniques de vulgarisation scientifique. Le frère Marie-Victorin (1885-1944) et son équipe du

Jardin botanique s'occuperont de la série « La cité des plantes ». En histoire des sciences, sujet qui nous intéresse plus particulièrement ici, c'est Louis Bourgoin (1891-1951), professeur de chimie industrielle à l'École polytechnique, qui sera le plus actif et aussi le plus productif. Cinq volumes sortiront de ses causeries radiophoniques diffusées entre 1941 et 1945. Le premier, *Science sans douleur,* paru à la fin de 1943, comprend 24 chroniques — de 15 minutes chacune, soit le double du temps dont je dispose ! — portant sur des sujets aussi différents que la science et la guerre (qui avait ouvert la série le 29 septembre 1941), le chocolat, en passant par l'avion, l'atome et les microbes. Il publiera ensuite, en 1947, un volume dédié aux *Savants modernes. Leur vie, leur œuvre,* une série de biographies présentées en 1944-1945. Tous les grands savants y sont présents de John Dalton à Albert Einstein en passant par Pasteur, Maxwell et Henri Poincaré. On apprend d'ailleurs que Bourgoin, qui immigra au Québec juste avant la guerre, a suivi les cours de Poincaré en 1910. Enfin, de 1943 à 1945, il fera également plusieurs causeries radiophoniques à Radio-Collège sur différents épisodes d'histoire regroupés ensuite sous le titre *Histoire des sciences et de leurs applications.* Le tome 1 paraît en 1945 et les deux autres en 1949.

Quelques années avant le décès de Bourgoin en janvier 1951, Léon Lortie déniche le jeune Fernand Seguin (1922-1988) qui se joint à l'équipe en 1947. Comme son prédécesseur, il publiera certaines des « causeries radiophoniques » qu'il a présentées en 1949-1950 et en 1950-1951, dans un volume intitulé *Entretiens sur la vie,* paru en 1952. On y trouve de courts essais de vulgarisation sur des sujets de biologie comme la structure de la matière vivante, l'hérédité et la biochimie.

Les historiens considèrent souvent que l'âge d'or de la radio couvre la période du milieu des années 1930 au milieu des années 1950. La grande période de la vulgarisation scientifique radiophonique recoupe aussi cette période. L'arrivée de la télé bouleversera, en effet, les habitudes culturelles. Fernand Seguin, un grand communicateur scientifique, suivra la tendance et passera rapidement à la télé de Radio-Canada pour animer des émissions de vulgarisation comme *Le Roman de la science* (1956-1960) et *Aux frontières de la science* (1960-1961) et ensuite le *Sel de la semaine* (1965-1970). Il y accueillera non seulement des savants comme Jean Rostand mais aussi des intellectuels, des artistes et des écrivains. Au début des années 1980, il reviendra à ses premières amours et présentera à votre émission, *Les Années lumière* (qui s'appelait alors *Aujourd'hui la science*) des chroniques qui seront publiées ensuite en deux volumes, *La Bombe et l'Orchidée* et *Le Cristal et la Chimère,* parus respectivement en 1987 et en 1988, l'année de son décès.

Y. V. — *La carrière de Fernand Seguin montre aussi que le type de vulgarisation a beaucoup changé entre les années 1950 et les années 1980.*

Y. G. — En effet, les causeries de Radio-Collège se veulent des présentations accessibles de la science, de la vulgarisation de bon niveau en somme. Elles visent en fait à susciter des carrières scientifiques chez les jeunes. À la fin des années 1970, les causeries de Fernand Seguin sont davantage des réflexions critiques sur les effets sociaux de la science. De façon générale, ses chroniques étaient aussi plus personnelles et avaient parfois un caractère moral assez prononcé.

Y. V. — *C'est en 1996 que l'émission que j'anime,* Les Années lumière, *décide de rétablir cette tradition des chroniques scientifiques. Elle fait appel à plusieurs chroniqueurs dont vous, Yves, pour faire, à raison d'une fois par mois environ, une chronique de huit minutes sur un sujet de votre choix et relevant de l'histoire et de la sociologie des sciences. Et c'est donc un choix de vos chroniques des 10 dernières années que vous présentez aujourd'hui au lecteur.*

Y. G. — Dans la préface de son premier ouvrage, Louis Bourgoin affirmait vouloir offrir au lecteur de « lire ce qu'[ils] ont entendu à la cadence sans retour d'un débit nécessairement chronométré ». C'était bien dit et, sans prétention, je reprendrais ces formules à mon compte pour justifier la publication de mes propres chroniques aux *Années lumière* et me situer dans cette tradition des chroniqueurs scientifiques. Toutes les chroniques retenues ont été revues pour la publication, de façon à les mettre à jour dans certains cas et à faire disparaître les interférences engendrées parfois par les interventions de l'animateur ! Mais j'aime bien nos entretiens et, contrairement aux textes de Bourgoin et de Seguin, qui sont de véritables exposés continus et non des échanges, je préfère la forme dialoguée, qui me semble plus dynamique.

Y. V. — *Aussi, votre approche se veut moins de la vulgarisation proprement dite qu'un regard sociologique sur les modes de fonctionnement de la science du XVIIe siècle à nos jours.*

Y. G. — Je laisse en effet aux scientifiques eux-mêmes la tâche de présenter de façon pédagogique les contenus techniques de leurs disciplines et j'essaie plutôt, adoptant une approche que l'on pourrait qualifier d'ethnographique, de décrire et de décortiquer la pratique scientifique sous ses multiples aspects : historiques, conceptuels, sociologiques, économiques, politiques et même religieux.

Y. V. — *Vous avez donc regroupé nos échanges par thème. On abordera ainsi successivement la méthode scientifique, les controverses scientifiques, les relations entre les sciences et l'économie, la culture et la religion, pour terminer avec des entretiens sur l'évolution des institutions scientifiques. Débutons donc par le début : les questions de méthode.*

PREMIÈRE PARTIE

Sciences et méthodes

I

Méthodes scientifiques
et critères de preuve

Yanick Villedieu — *À tout seigneur tout honneur, on commence ces entretiens avec ce qui fait la spécificité de la science : sa méthode, la fameuse méthode scientifique. On entend souvent dire qu'elle est simple, claire, immuable et éternellement vraie… J'exagère un peu ?*

Yves Gingras — Bien sûr, tout cela est faux. Tout cela est faux, bien que ce soit souvent ce qu'on nous laisse croire. La méthode scientifique aurait été établie par Galilée au début du XVIIe siècle et comporterait les étapes suivantes : Observation, Hypothèse, Expérimentation, Résultats, Interprétation et Conclusion, procédure que les manuels d'initiation à la science résument souvent par l'acronyme OHERIC. L'ordre peut changer selon les manuels — certains commencent par l'hypothèse, ce qui donne HOERIC — mais, en gros, ce serait cela la méthode dite scientifique. Outre le fait que dans la réalité l'ordre des trois premières étapes peut varier au gré des individus et de leur imagination, cette représentation reste abstraite et passe surtout sous silence le plus important, à savoir l'évolution même des *critères* de preuves. En effet, c'est une chose de dire que les résultats doivent être crédibles et acceptés par la communauté scientifique, c'en est une autre d'établir précisément les critères qui seront en mesure d'assurer un consensus parmi les scientifiques. Or, ces critères ont évolué en fonction de la nature des expériences et du type d'objets soumis à l'observation et à l'expérimentation. On devrait donc parler de méthodes scientifiques au pluriel.

Y.V. — *Qu'en est-il de la médecine par exemple ? C'est aujourd'hui un domaine de recherche fort important.*

Y.G. — En médecine, les transformations sont peut-être davantage visibles au cours du temps qu'elles ne le sont dans d'autres domaines. Bien sûr, dans les sciences de la nature, comme la physique ou l'astronomie, les nouveaux instruments peuvent modifier les critères de preuve en imposant par exemple la prise de mesure par des instruments différents devant donner le même résultat. Mais en sciences biomédicales, la discussion des critères de preuve est plus récente et plus fréquente. Prenons le cas de la découverte controversée des bactéries et des microbes, vers 1880, qui fut l'une des premières occasions forçant l'adoption de principes explicites et codifiés permettant d'établir la cause réelle des maladies. On pense alors bien sûr à Louis Pasteur (1822-1895), le célèbre savant français que tout le monde connaît, mais également à Robert Koch (1843-1910), chercheur allemand qui a découvert ce qu'on appelle maintenant le bacille de Koch.

Y.V. — *Ce fameux bacille responsable de la tuberculose.*

Y.G. — Exactement. À l'époque, la question était toutefois controversée : ce bacille était-il réellement la *cause* de la tuberculose ? Au billard, on ne discute pas longtemps pour savoir si la boule blanche qui frappe la boule rouge est vraiment la cause du déplacement de cette dernière ! C'est évident. Mais dans le domaine médical, la recherche des causes, c'est-à-dire l'étiologie des maladies, est plus complexe. Afin de répondre à cette question qui soulevait de nombreux débats, Koch a alors énoncé ce qu'on appelle aujourd'hui les quatre postulats de Koch, qui visent à faire la preuve que le bacille est bien la cause de la maladie. Si toutes les conditions suivantes sont remplies, la preuve de la causalité sera établie :

1. le microorganisme doit être présent dans tous les cas,
2. on doit pouvoir l'isoler et en faire la culture en laboratoire,
3. le microorganisme doit reproduire la maladie lorsqu'il est inoculé dans un animal,
4. le microorganisme doit aussi pouvoir être isolé à partir de l'animal inoculé qui a contracté la maladie.

Pour Koch, ces postulats constituaient les critères qui permettaient de faire la preuve que l'agent microbien était bien la cause de la maladie. Notons que c'est dans un contexte polémique qu'émerge la nécessité de formaliser les procédures qui assurent que la cause de la maladie est bien identifiée. Or, cent ans plus tard, ils seront encore l'objet de discussion dans un tout autre contexte : la causalité du VIH dans le développement du sida.

Y. V. — *Le VIH, ce virus de l'immunodéficience humaine qui est la cause du sida.*

Y. G. — Il s'agit, encore une fois, d'une lourde controverse à laquelle sera mêlé Peter Duesberg au milieu des années 1980. Contre la majorité des chercheurs, Duesberg, un savant alors renommé qui est membre de l'Académie des sciences des États-Unis, est convaincu que le VIH n'est pas la cause du sida. En 1987, par exemple, il affirmait qu'en fait le VIH ne répondait pas aux quatre critères de Koch. Ce n'est d'ailleurs qu'en 1997 qu'une publication montrera, dans le cas du chimpanzé, la validité des critères 3 et 4, les deux premiers ayant déjà été validés. C'est donc en appliquant les critères de Koch que la majorité des scientifiques ont été convaincus que le VIH était bien la cause du sida. Quant à Duesberg, il n'a pas changé d'avis mais il est désormais complètement marginalisé.

Y. V. — *Donc, ces postulats de Koch tiennent toujours la route.*

Y. G. — Tout à fait. En 1937, par exemple, ils ont été adaptés pour établir la cause des maladies virales, qui sont dues à des virus et non à des bactéries, mais fondamentalement ce sont les mêmes critères. Récemment, lors de l'épidémie du syndrome respiratoire aigu sévère (SRAS) à l'hiver de 2003, un article est rapidement paru dans la revue *Nature* (15 mai 2003, p. 240), montrant que le virus du SRAS répondait à tous les postulats de Koch et était donc bien la cause de ce syndrome.

Y.V. — *Y a-t-il d'autres exemples d'évolution des critères de preuve ?*

Y.G. — Bien sûr ! Toujours en médecine, une autre méthode qu'on tient parfois pour acquise mais qui, en fait, est assez récente, est celle des essais cliniques randomisés. Cette méthode consiste à choisir au hasard des individus ayant les caractéristiques recherchées (âge, sexe, état de santé, etc.) en fonction du médicament testé, que l'on groupe en deux classes : l'une est soumise au nouveau traitement, et l'autre reçoit un placebo, ou l'ancien traitement, moins efficace en principe que celui qui est testé. Et personne ne sait s'il fait partie du premier ou du second groupe, ni le patient ni le médecin traitant.

Y.V. — *On compare donc les deux groupes afin d'évaluer l'effet du traitement, deux groupes qui doivent être comparables en tous points.*

Y.G. — Absolument, et pour ce faire, l'aspect randomisé et aveugle est important. En effet, si le médecin choisissait lui-même dans quel groupe un individu donné devrait être placé, il y aurait risque de biais inconscient. De plus, s'il savait quel patient reçoit le vrai traitement, il pourrait biaiser inconsciemment son diagnostic. L'utilisation de la méthode des essais cliniques randomisés a d'ailleurs donné un nouveau pouvoir aux statisticiens, ce qui n'a pas été sans déplaire aux cliniciens habitués à suivre leurs patients un à un et à décider sur une base individuelle de l'efficacité d'un traitement. Habitués à être seuls juges, ils ne voyaient pas d'un bon œil ce nouveau rôle accordé aux statistiques. Au début du XXe siècle, les médecins connaissaient fort peu les statistiques et la complexité des tests imposait donc la présence d'experts en méthodes statistiques avancées. Ce n'est qu'après la Seconde Guerre mondiale que les essais randomisés deviendront la norme, ce qui entraînera une réorganisation non seulement de la recherche biomédicale, mais surtout de la recherche clinique. Au début du XXᵉ siècle en effet, le clinicien est habitué à un travail individuel.

Y. V. — *Sa méthode se fondait plutôt sur des observations personnelles, son expérience et son intuition.*

Y. G. — Oui, et les essais randomisés viendront modifier la situation, car si quelques centaines de personnes sont nécessaires pour que l'échantillon statistique soit représentatif, il faut en recruter dans plusieurs endroits différents, qui sont ainsi traités et observés par des médecins différents. Ces essais multisites font leur apparition au cours des années 1920 ; il faut alors établir un protocole précis pour assurer une certaine homogénéité des pratiques. Les statisticiens vont donc suivre ces essais de beaucoup plus près. De nos jours, ils ont d'ailleurs un rôle très important dans la construction des essais cliniques. On retrouve donc dans cette méthode de nouveaux critères de preuve. Plusieurs médecins ont d'ailleurs eux-mêmes insisté sur l'utilisation des essais cliniques randomisés. En effet, lorsqu'ils observent les résultats d'un médicament donné sur un de leur patient, cela ne démontre en fait pas grand-chose. On peut se demander si le même effet aurait pu avoir été obtenu en prescrivant au patient un placebo, par exemple. Les essais cliniques randomisés viennent donc contrôler cet aspect individuel en rendant possible une généralisation des résultats. Bien sûr, cela dépersonnalise encore davantage la maladie, mais il s'agit d'une nouvelle étape qui permet une plus grande objectivité. Le prix à payer est justement une distanciation plus grande entre le malade et sa maladie. Cette méthode est aujourd'hui largement acceptée. D'ailleurs, si, après quelques mois, la différence statistique entre les deux groupes testés est évidente et montre l'efficacité réelle du médicament par rapport au placebo, les chercheurs, et surtout les statisticiens responsables, peuvent ordonner l'arrêt du groupe placebo. Il ne serait pas éthique de poursuivre une recherche risquée encore plusieurs mois dans le simple but d'accumuler davantage de données si on voit déjà que, selon les tests statistiques, le médicament est vraiment efficace. Il ne faut surtout pas oublier que la personne qui se retrouve sans le savoir dans le groupe placebo sert de cobaye et n'est pas vraiment traitée, d'où l'importance de ne pas aller au-delà du temps strictement nécessaire pour constituer des données statistiquement significatives.

Y.V. — *Une question me chicote, Yves Gingras, c'est celle de l'usage des produits homéopathiques qui sont souvent utilisés par certains médecins. Pourtant, ils n'ont toujours pas réussi les tests des essais randomisés…*

Y.G. — Cette question est intéressante car l'usage assez répandu de ces produits — je ne dis pas « médicaments » — remet en cause, en fait, la culture médicale mise en place après la Seconde Guerre mondiale qui insiste sur l'importance de faire subir à tout nouveau médicament un test clinique randomisé pour qu'il soit accepté dans la communauté scientifique et les agences gouvernementales. Jusqu'à présent, on attend toujours des tests randomisés concluants utilisant un placebo et un produit homéopathique, c'est-à-dire qui donnent des résultats statistiquement significatifs. Il existe déjà un certain nombre d'études de ce genre et des métaanalyses des divers résultats obtenus dans des revues réputées (*The Lancet* et *British Medical Journal,* par exemple) qui trouvent un résultat résiduel favorable à certains produits homéopathiques. Cependant, le nombre de patients impliqués est toujours relativement faible (quelques dizaines), ce qui entraîne de fortes fluctuations statistiques et les résultats n'emportent pas totalement l'adhésion des experts. Il semble que seuls des tests en double aveugle sur des centaines de cas et avec des mesures objectives des effets seraient convaincants sur le plan scientifique. J'entends ici mesures *objectives* par opposition à des mesures fondées sur le sentiment *subjectif* de patients qui déclarent se « sentir mieux » après avoir pris un produit homéopathique.

Y. V. — *Les mauvaises langues diront même que le médicament homéopathique est lui-même un placebo...*

Y. G. — Si c'est le cas, on devrait obtenir les mêmes résultats qu'avec le placebo, d'où l'importance des tests randomisés pour les nombreux médicaments homéopathiques sur le marché. Mais la doctrine à la base de l'homéopathie insiste sur le fait qu'elle traite le malade et non la maladie, d'où l'importance de la relation étroite entre le médecin et son patient dont il doit connaître toute l'histoire. Cela est bien sûr en opposition totale avec la philosophie implicite des tests cliniques qui visent au contraire à éradiquer l'élément individuel en le noyant, si je peux m'exprimer ainsi, dans un groupe statistiquement défini. Pour certains, il est donc inacceptable de vouloir tester ces produits avec des méthodes et surtout des critères qui nient la philosophie même de l'approche homéopathique.

On en revient ainsi à la question des critères de vérité. Pour plusieurs praticiens, la seule preuve acceptable relève du sens commun et est liée à l'individu traité alors que, pour la médecine dite moderne, la détermination de l'efficacité d'un traitement est devenue inséparable des tests statistiques qui nient l'expérience personnelle, subjective et individuelle du patient ainsi, d'ailleurs, que celle du médecin traitant.

La fameuse méthode scientifique, loin d'être invariante, s'est donc complexifiée, souvent dans des contextes de controverse, et tout porte à croire qu'elle continuera de s'adapter en fonction des nouvelles découvertes et controverses que les recherches ne manqueront pas de susciter dans l'avenir.

2

Les instruments de la science

Yanick Villedieu — *On vient de parler de méthode scientifique, mais ce qui frappe peut-être encore davantage est le fait que la science est aujourd'hui indissociable des instruments. Pas de science sans outils, sans éprouvettes, sans laboratoires. Pas de science non plus sans ordinateurs. En d'autres termes, on ne fait plus de science à l'œil nu, à mains nues. Le premier instrument scientifique qui permet de voir autrement qu'à l'œil nu est la lunette de Galilée, en 1609-1610. En quoi cette lunette est-elle si importante du point de vue historique ?*

Yves Gingras —La lunette de Galilée, le télescope, comme on l'appellera à partir de 1611, est effectivement un instrument historique, voire révolutionnaire. Son origine reste toutefois obscure. On en trouve une première description dans l'édition de 1598 du livre *Magia naturalis* du savant napolitain Giambattista Della Porta (1535-1615), qui décrit divers phénomènes naturels, curieux ou mystérieux, et en offre une explication rationnelle. Della Porta, qui a aussi écrit sur différents sujets comme l'optique, l'agriculture et la chimie, a même prétendu être l'inventeur du télescope, quoiqu'il n'en ait jamais fabriqué lui-même. En fait, l'objet qu'il décrit provenait probablement de Hollande et circulait déjà beaucoup vers les années 1590. Mais ce qui nous intéresse ici n'est pas de retracer l'inventeur de cet objet, mais plutôt la façon dont il est devenu un véritable instrument scientifique et a cessé d'être une curiosité et un jouet. Et cette étape cruciale, on la doit à

Galilée (1564-1642), ce qui explique que l'on dit souvent qu'il a *inventé* le télescope. Il apprend l'existence de l'objet en juin 1609 et, deux mois plus tard, il en a déjà construit un de ses mains et amélioré son pouvoir grossissant. Il découvre alors les satellites de Jupiter dès le début de janvier 1610 et se met aussitôt à écrire un livre sur ses découvertes, lequel paraît le 12 mars 1610 sous le titre *Sidereus Nuncius,* ou *Le Messager des étoiles.* Notons que le savant italien publie en latin, qui est alors la langue savante de l'Europe.

En permettant de voir des objets célestes invisibles à l'œil nu, la mise au point du télescope a entraîné dans la pratique scientifique un changement radical, souvent sous-estimé. Il faut rappeler en effet que, jusqu'en 1610, faire de la science consistait uniquement à observer directement avec les sens, donc essentiellement avec les yeux et un peu les oreilles, pour les naturalistes amateurs de chants d'oiseaux et de cris d'animaux, et le nez, pour les amoureux des fleurs et des plantes. Depuis l'Antiquité, les astronomes ont bien sûr construit des instruments comme le quadrant et l'astrolabe pour mesurer la position des étoiles. L'astronome danois Tycho Brahé (1546-1601) se fera connaître en construisant des instruments (quadrants et sextants) de plus de deux mètres de rayon, qui ont permis d'améliorer énormément la précision des observations des positions des planètes dans le ciel étoilé. Mais, dans tous ces cas, ce sont des instruments de visée à l'œil nu. La lunette mise au point par Galilée apporte un changement radical à cette façon de faire puisqu'elle vient s'interposer entre l'œil de l'observateur et l'objet observé. Pour la première fois dans l'histoire des sciences, le rapport à la nature devient ainsi indirect et dépend des propriétés d'un instrument qui sert de *médiateur* entre l'œil et la nature.

Pour les disciples de la tradition aristotélicienne, un tel instrument ne pouvait que générer des artefacts. Ils refusaient donc d'accepter l'idée de Galilée selon laquelle le télescope permettait de « voir » des cratères et des montagnes sur la Lune, astre que les partisans d'Aristote croyaient parfaitement sphérique et cristallin. On fait grand cas du philosophe qui, invité par Galilée à voir de ses propres yeux les montagnes lunaires, a refusé de regarder dans la lunette sous prétexte que le télescope déformait la réalité. La question était importante : comment être certain que les lentilles de ce télescope ne créent pas une illusion d'optique ? Pour Galilée, la réponse était relativement simple : le même télescope nous montre des objets terrestres, situés à plusieurs kilomètres, sous une forme parfaitement reconnaissable, non déformée. Il n'y a donc pas de raison de croire que l'effet serait différent pour les objets célestes.

Y. V. — *Les savants de l'époque finiront bien par accepter ses découvertes, même si elles remettaient en question la théorie cosmologique qui régnait depuis près de 2 000 ans !*

Y. G. — Bien sûr. Il me semble d'ailleurs que les historiens ont eu tendance à exagérer la résistance aux découvertes télescopiques de Galilée. Après tout, ce n'est qu'un an plus tard, soit en avril 1611, au cours d'une visite de Galilée à Rome, que l'astronome le plus important de l'époque, le père jésuite Christophe Clavius (1538-1612), du Collegio Romano, rattaché au Vatican, a annoncé publiquement que les observations de Galilée étaient véridiques. Il répondait ainsi à une demande expresse du cardinal Bellarmin, faite une semaine plus tôt et qui, au nom du pape, voulait savoir à quoi s'en tenir. Or, cet appui public des jésuites était très important et mettait ainsi fin au scepticisme sur l'utilité du télescope.

Y. V. — *Mais comprenait-on vraiment le principe de fonctionnement de cet instrument, qui relevait, vous l'avez dit, de la magie blanche ?*

Y. G. — C'est Johannes Kepler (1571-1630) qui, en 1611, publia une théorie du fonctionnement optique de la lunette, expliquant comment la réfraction et la composition des rayons dans les deux lentilles permettent le grossissement d'objets distants. Avant de publier sa théorie, Kepler avait d'ailleurs lui-même pu observer le ciel grâce à un télescope que Galilée avait envoyé à l'empereur du Saint Empire germanique à la cour duquel Kepler était associé à titre d'astronome et d'astrologue. Kepler, qui reçut le livre de Galilée début avril, a rapidement confirmé les découvertes du savant italien en publiant dès le mois de mai 1610, sous le titre *Discussion avec le messager céleste,* une lettre qu'il avait adressée à Galilée deux semaines plus tôt.

Y. V. — *Cela se passe en 1610, au tout début du XVIIe siècle. Durant ce même siècle, une cinquantaine d'années plus tard, un nouvel instrument voit le jour : le microscope. Cette « lunette inversée », en quelque sorte, est-elle aussi importante dans l'histoire de la science ?*

Y. G. — On considère que Galilée est l'un des premiers à avoir travaillé sur le microscope vers 1614 et, dix ans plus tard, il perfectionna encore le microscope composé. Il faut distinguer le microscope simple, formé d'une seule lentille biconvexe, une sorte de boule de verre en fait, du microscope composé qui comprend deux lentilles biconvexes et qui permet de plus forts grossissements, même si les images sont moins nettes. Antoine van Leeuwenhoek (1632-1723) a utilisé avec profit le microscope simple et a été le premier à identifier au milieu des années 1670 des animalcules, c'est-à-dire des êtres vivants microscopiques, dans ce cas des bactéries et des protozoaires. Drapier de profession, Leeuwenhoek avait été amené à la microscopie après avoir lu, semble-t-il, le livre de Robert Hooke (1635-1703) paru en 1665 et intitulé *Micrographia*. Ce livre, qui contient quantité de gravures d'objets divers, vivants et inanimés, comme des insectes, des éponges, des ailes d'oiseaux, du liège, etc., tels que vus au microscope composé, est le livre fondateur de la microscopie. Comme le télescope avant lui, le microscope ouvrait ainsi une fenêtre sur un univers insoupçonné.

Y. V. — *Mais ce Robert Hooke n'est-il pas aussi associé à la fameuse pompe à air, l'un des instruments les plus complexes à l'époque ?*

Y. G. — Oui, en effet, c'est en 1659 que le savant anglais Robert Boyle (1627-1691) fait construire sa célèbre pompe à air par Hooke, son assistant, qui sera, à compter de 1662, responsable de la préparation des expériences présentées aux réunions hebdomadaires de la Société royale de Londres, fondée en 1660 par Boyle et quelques amis. Pour l'époque, la pompe à air est un instrument relativement coûteux, techniquement complexe, qui comprend plusieurs pièces en métal et en verre. La construction et l'utilisation de ces pompes nécessitaient des techniciens très habiles, car il n'était pas facile d'assurer l'étanchéité des divers joints. Il était donc parfois difficile de reproduire les effets sous vide et cela a engendré bien sûr des controverses. Aussi, le coût élevé de cette pompe explique également le faible nombre de pompes construites au XVIIᵉ siècle. À l'époque, les fonds ne pouvaient provenir que de la fortune personnelle du savant. Il fallait donc avoir la chance d'être bien né ou avoir fait fortune d'une façon ou d'une autre pour être à même de faire construire ce type d'appareil. Boyle était un aristocrate qui avait les moyens de ses ambitions, alors que Hooke était plus démuni et avait un emploi à la Société royale de Londres.

L'aspect intéressant de cette pompe à air est que son invention ouvre alors un ensemble de questions jusque-là non vérifiables empiriquement. Tout au long du Moyen Âge, deux théories s'affrontent : l'une prétend que le vide existe, l'autre qu'il n'existe pas. Les échanges sur ces questions sont de nature théorique et même rhétorique : si le vide existait, cela entraînerait telle et telle conséquence ; si, par contre, il n'existait pas, il y aurait telle autre conséquence. On cherchait ainsi, par exemple, à montrer par des arguments philosophiques que nier l'existence du vide revenait à limiter le pouvoir de Dieu qui est tout-puissant et peut donc créer un vide s'il le désire. Ce à quoi d'autres répondaient : encore faudrait-il qu'il ait une bonne raison de créer un tel vide… Or, l'invention de la pompe à air a transformé la nature même de ces questions. On pouvait dorénavant fournir des réponses empiriques en effectuant toutes sortes d'expériences : lorsqu'on enlevait l'air de la pompe, on n'entendait plus la cloche sonner à l'intérieur ; donc le vide ne transmet pas les sons, ou encore, lorsqu'on enlevait l'air, une souris placée dans la pompe mourait. Les savants avaient donc la possibilité d'effectuer des observations précises qui les instruisaient sur les propriétés effectives du vide. Le concept de vide, en retour, prenait le sens opératoire, et non plus métaphysique, d'espace dans lequel toute matière sensible a été extirpée.

Y. V. — *On commence à faire de la science !*

Y. G. — Oui, au sens de science expérimentale, grâce à des instruments. On ne se contente plus d'observer, on expérimente en modifiant l'environnement. On pourrait multiplier les exemples, mais on voit bien que chaque nouvel instrument, servant à l'arpentage, à la navigation ou à la mesure du temps, ouvre un univers nouveau de pratiques et de questionnements. Il faut aussi noter que ces développements s'accompagnent de l'émergence d'un nouveau métier, celui de fabriquant d'instruments. Un marché se met en place qui permet aux moins habiles de se procurer des balances, des télescopes, des microscopes et des pompes à air. Et ce sont ces artisans qui vont par la suite contribuer au développement de la science en améliorant constamment la qualité de leurs instruments et en en inventant de nouveaux.

Y. V. — *À la fin du XVIIIᵉ siècle, la chimie vit sa révolution avec Lavoisier. Construit-on aussi de nouveaux appareils de mesure en chimie à cette époque ?*

Y. G. — Ce qu'on appelle la chimie trouve son origine dans l'alchimie, pratique qui utilisait depuis longtemps des instruments divers, alambics, cornues et creusets pour provoquer et observer diverses réactions chimiques. Avec Antoine Lavoisier (1743-1794) apparaissent, dans le dernier quart du XVIIIᵉ siècle, des instruments plus complexes, qui permettent de mesurer la masse et le volume des produits impliqués dans les réactions. Leur construction nécessite, encore là, l'apport d'artisans très expérimentés. Mais Lavoisier est un homme riche qui, comme Boyle avant lui, peut se permettre ce genre de dépenses. Il est en effet « fermier général », c'est-à-dire collecteur de taxes. Cet emploi au service du roi lui coûtera d'ailleurs la vie pendant la Révolution française puisqu'il sera guillotiné en 1794.

Lavoisier était très conscient de l'importance et de la valeur de ses instruments. Il existe d'ailleurs un tableau bien connu qui le montre avec sa femme, entouré de plusieurs appareils de verre et de laiton, qui servent à collecter les gaz de réactions chimiques. Ces gaz peuvent alors être pesés et leur température et leur volume mesurés. Le coût élevé des instruments de Lavoisier a d'ailleurs provoqué un vif débat autour de la découverte de l'oxygène, débat qui l'a opposé au chimiste anglais Joseph Priestley (1733-1804). Ce dernier était quelque peu sceptique devant la découverte de Lavoisier et refusait d'accepter les résultats tant et aussi longtemps que Lavoisier n'aurait pas démontré qu'il pouvait les obtenir en utilisant les mêmes instruments que lui, évidemment plus modestes. Les instruments de Lavoisier, très sensibles, complexes et fort coûteux, n'étaient pas encore très utilisés par les chimistes, ce qui posait problème. Cette science n'était en effet pas à la portée de tous. Et cela dérangeait. Ainsi, plus la science s'instrumentalise, plus elle exclut, en quelque sorte, ceux qui n'ont pas les moyens d'accéder à ces instruments. Ainsi, pour pouvoir discuter avec Galilée, il fallait disposer d'une lunette, ce qui, au début, n'allait pas de soi. Galilée construisait et distribuait lui-même ses lunettes pour que d'autres puissent confirmer ses découvertes. Par la suite, bien sûr, plusieurs personnes se sont mises à en construire et un marché est apparu pour répondre à la demande. Newton, en 1672, construira même un tout nouveau type de télescope à miroir au lieu de lentilles. Le principe était fondé sur la réflexion de la lumière par le miroir plutôt que sur la réfraction par des lentilles.

Y.V. — *À la fin du XIXᵉ siècle, une découverte surviendra par hasard et sera, du moins au début, beaucoup plus accessible : les rayons X.*

Y. G. — Le scientifique allemand Wilhelm Conrad Röntgen (1845-1923) en fait la découverte en décembre 1895. Immédiatement, l'expérience fut reproduite un peu partout dans le monde entier et ce, en moins de deux mois. L'expérience a, entre autres, été répétée aux États-Unis et au Canada. L'appareil requis, un tube de Crookes, était assez complexe, mais peu coûteux. On le retrouvait d'ailleurs dans tous les bons cabinets de physique, y compris ceux du séminaire de Québec et de l'université McGill.

Y. V. — *La science est aujourd'hui extrêmement instrumentée. On n'a qu'à penser à ces immenses appareils que sont les accélérateurs de particules, les télescopes en orbite, etc. Quelle conclusion peut-on tirer de cette transformation ?*

Y. G. — On peut en tirer deux conclusions. Tout d'abord, cette situation fait en sorte que la science est aujourd'hui un univers relativement fermé. En effet, non seulement le coût d'entrée est élevé en raison de la formation requise, mais l'accès aux appareils eux-mêmes est parfois extrêmement difficile. De nombreux scientifiques se débattent pour avoir accès aux grands télescopes terrestres, sans parler de Hubble qui est en orbite autour de la Terre. Cet instrument est unique au monde et le temps d'accès y est limité. La compétition est vive. La science se ferme donc, phénomène dû à l'augmentation croissante des coûts et de la complexité des instruments.

La deuxième conclusion qui émerge de cette évolution vers une pratique scientifique très instrumentée est plus positive, car elle met en évidence la puissance créatrice de la raison. Que sont des instruments, sinon l'incarnation d'une théorie, et donc de la raison humaine ? En s'incarnant dans des instruments, la raison rend visible tout un ensemble d'objets naturels qui étaient auparavant invisibles, de l'atome aux galaxies en passant par les virus. Longtemps restreinte par notre champ de vision naturel, la science évolue désormais au gré de l'imagination conceptuelle et instrumentale des scientifiques.

3

Des lois aux modèles

Yanick Villedieu — *La science nous donne l'impression, bien souvent, de carburer aux lois et aux théories. Le but de la méthode scientifique semble ainsi de formuler des lois et de construire des théories. Sans elles, il nous est impossible d'expliquer quoi que ce soit…*

Yves Gingras — Depuis le début du XVIIᵉ siècle, on définit en effet la tâche de la science comme la découverte des lois de la nature. Une loi est une relation régulière entre des variables, par exemple entre le temps écoulé et la distance parcourue par un objet ou entre le volume et la pression d'un gaz. La fameuse loi de Galilée sur la chute des corps nous indique que si on laisse tomber un objet, il subit une accélération constante. De même la loi de Boyle sur les gaz nous apprend que, pour une température donnée, il y a une relation inversement proportionnelle entre la pression et le volume. Ces lois sont valides dans un domaine limité et sont donc approximatives. D'autres sont indépendantes du lieu et du temps et on les appelle des lois universelles. C'est le cas, par exemple, de la loi de la gravitation de Newton, qui stipule que deux masses s'attirent en raison inverse du carré de leur distance. Elle est donc valide partout dans l'univers et quel que soit le temps, présent, passé ou futur. On trouve bien sûr des lois en chimie, en biologie, en psychologie et dans la plupart des sciences. Ce sont elles qui permettent d'expliquer et souvent même de prédire les phénomènes. C'est ainsi, par exemple, que l'astronome britannique

Edmund Halley (1646-1742), un ami de Newton, a pu prédire le retour de la comète qui porte son nom, la fameuse comète de Halley, à partir du fait qu'elle avait été observée en 1531, en 1607 et en 1682. En somme, elle suivait une orbite autour du Soleil, conforme aux lois de Kepler, avec une période de 76 ans et il prédit, en 1705, qu'elle reviendrait en 1758. En fait, elle fit son apparition en mars 1759 avec quelques mois de retard, mais ce fut la première prédiction astronomique qui fit sensation. Une loi, ici celle de la périodicité de la révolution autour du Soleil, permet ainsi de prédire des événements. Mieux, c'est l'idée même de périodicité qui suggère que la comète de 1531 est bien la même que celle de 1607 et de 1682 et même celle de 1066 représentée sur la célèbre tapisserie de Bayeux. Car le nom de la comète n'est pas écrit dessus !

Y. V. — *Mais les scientifiques parlent aussi souvent de théories que de lois…*

Y. G. — En effet, car la science ne se limite pas à l'énoncé de lois, aussi nombreuses soient-elles. Une fois les lois découvertes, on peut se demander pourquoi elles existent et quels liens elles entretiennent entre elles. C'est là qu'intervient l'idée de théorie. Une théorie scientifique est un ensemble relativement limité d'énoncés généraux, qu'on peut qualifier de lois fondamentales, qui sont reliés et nous permettent de déduire de façon analytique et logique des énoncés particuliers. Un exemple classique est la théorie de la gravitation de Newton. Sur la base de seulement trois lois fondamentales, qui décrivent le mouvement des corps soumis à des forces, elle permet par exemple de déduire les lois de Kepler. De même, la loi de la chute des corps de Galilée devient, dans le système de Newton, un cas particulier de celle de l'attraction gravitationnelle qui est à la base de sa théorie de la gravitation. Nous avons donc ici une théorie qui permet de réduire le nombre de lois indépendantes en les déduisant à partir d'un nombre encore plus restreint de lois fondamentales, prises comme axiomes de la théorie.

Le modèle suivi était alors celui de la géométrie d'Euclide, dont les axiomes de base, peu nombreux, permettent de démontrer toutes les propriétés des figures planes et solides. D'abord obtenues à partir de données empiriques, certaines lois deviennent ainsi des théorèmes de la théorie de Newton. Souvent une théorie permet aussi de prédire de nouveaux phénomènes en combinant des lois et en analysant diverses conséquences possibles.

Y.V. — *Tenter de découvrir de nouvelles lois et d'établir des théories a donc été la tendance dominante chez les scientifiques depuis 400 ans. Mais depuis plusieurs années, l'activité de nombreux scientifiques consiste souvent à utiliser les lois et les théories existantes afin de trouver une façon d'expliquer des phénomènes particuliers de la réalité, délaissant ainsi quelque peu la quête de nouvelles théories ou de nouvelles lois.*

Y. G. — Il y a eu, si l'on peut dire, une certaine stabilisation des grandes lois et des théories générales. Dans le dernier quart du XIXe siècle, en physique par exemple, les grandes théories de l'électromagnétisme et de la thermodynamique sont devenues généralement acceptées. Au cours du premier tiers du XXe siècle, les théories de la relativité d'Einstein et la théorie quantique ont établi les nouveaux fondements de la physique. Toutefois, ces lois et théories, aussi importantes soient-elles, ne nous expliquent pas automatiquement les phénomènes dans toute leur complexité. Elles demeurent générales et assez abstraites, car elles ne tiennent jamais compte de l'ensemble des variables qui font toute la complexité du réel. C'est en voulant expliquer de façon plus précise des phénomènes particuliers que les chercheurs ont été amenés à instituer dans la deuxième moitié du XXe siècle une nouvelle pratique : la modélisation. Rappelons qu'un modèle, au sens de la philosophie des sciences, est une représentation idéalisée, donc simplifiée, d'un phénomène donné que l'on veut étudier. On ne parle pas ici des modèles réduits d'automobiles ou d'édifices qui peuvent être aussi complexes que les originaux.

La modélisation prend différentes formes selon les disciplines mais, de façon générale, elle vise à expliquer une classe de phénomènes. En physique par exemple, on peut penser au modèle de la goutte liquide mis au point par les physiciens Niels Bohr (1885-1962) et John Archibald Wheeler pour expliquer la fission nucléaire en 1939, soit l'année même de sa découverte. L'idée était de construire un modèle fondé sur l'analogie avec une goutte de liquide qui peut vibrer, se déformer et se briser en deux gouttes plus petites. Aucune théorie précise du noyau de l'atome n'était alors disponible et ce modèle permettait de comprendre les principales caractéristiques de la fission de l'uranium, comme le fait que les fragments d'atomes ont tendance à avoir à peu près la même taille.

Il y a plusieurs types de modèles. Les modèles analogiques se fondent sur une comparaison avec un système relativement mieux compris, une goutte de liquide dans le cas précédent, ou encore le système solaire dans le cas du modèle de l'atome d'Ernest Rutherford (1871-1937). Ce dernier se disait en effet que les propriétés de l'atome se comprennent si l'on suppose que les électrons tournent autour du noyau atomique de la même façon que les planètes tournent autour du Soleil, la force électrique remplaçant la force gravitationnelle, et que la masse est surtout concentrée dans le noyau, comme elle l'est dans le Soleil qui est beaucoup plus massif que chacune des planètes. On peut aussi construire des modèles directement à partir du phénomène en appliquant les théories existantes. La théorie de la Lune, par exemple, repose sur un modèle de la Lune qui tient compte du fait que ce n'est pas un point géométrique mais une masse étendue non homogène. C'est un modèle plus complexe que celui d'abord utilisé par Newton qui supposait sa masse concentrée en un seul point pour calculer son orbite autour de la Terre. Un tel modèle simplifié est utile pour avoir une idée générale de l'orbite de la Lune, mais ne permet pas d'expliquer le phénomène de *libration*, qui fait que la face visible de la Lune oscille quelque peu. Pour comprendre ce phénomène très compliqué, on doit tenir compte du fait que la Lune a un certain diamètre et qu'en conséquence l'attraction de la Terre ne s'exerce pas sur un point central, mais attire aussi la matière située à une certaine distance du centre.

Y. V. — *La fameuse double hélice de Watson et de Crick, qui décrit la structure de l'ADN, n'a-t-elle pas au fond été découverte en jouant avec un modèle ?*

Y. G. — La modélisation en chimie remonte au milieu du XIXᵉ siècle lorsque la chimie de synthèse prend son essor. On cherche de plus en plus à se représenter la structure des molécules dans l'espace et le chimiste allemand August Wilhelm Hoffmann (1818-1892) propose en 1862 d'utiliser des cubes, représentant les atomes reliés par des tiges pour exprimer la liaison chimique. Rapidement, ces modèles en trois dimensions, composés souvent de boules et de tiges, sont mis en marché et ont une fonction pédagogique. Cet outil pédagogique devient presque aussitôt un outil de recherche et permet de découvrir, par exemple, de nouveaux isomères de certains produits. C'est alors le début de la stéréochimie qui étudie l'effet de la structure tridimensionnelle des molécules sur leur réactivité. Au cours des années 1910, avec la mise au point de la diffraction aux rayons X, on utilisera beaucoup les modèles pour reconstruire les cristaux à partir des données de la diffraction. C'est dans cette tradition de recherche que se situent les deux chercheurs de l'Université de Cambridge qui se demandaient comment construire dans l'espace une molécule d'ADN qui aurait les propriétés requises de liaison entre certaines bases et qui tiendrait compte des données de la diffraction aux rayons X. Ce n'est qu'une fois toutes les molécules bien en place et effectivement liées entre elles qu'ils ont pu être certains que l'idée d'une double hélice correspondait bien à la réalité.

Le cas de la chimie montre bien que les modèles ne sont pas toujours obtenus à partir de théories existantes et peuvent être construits spécifiquement pour expliquer des phénomènes nouveaux sur la base de données empiriques ou d'hypothèses particulières. Travailler sur de tels modèles peut alors permettre d'élaborer des théories ou de mettre au point des modèles encore plus complexes.

Y. V. — *Un modèle est donc une construction qui permet de reproduire des phénomènes et ainsi de s'assurer que l'on comprend bien ce qui se passe…*

Y. G. — … et ils peuvent aussi servir à prédire des phénomènes nouveaux ou à découvrir des conséquences imprévues des théories. En partant d'abord d'un modèle simple, on peut ensuite le complexifier pour le rapprocher le plus possible du phénomène réel. J'ai mentionné plus tôt l'exemple de la Lune : on est parti d'un point géométrique pour ensuite lui donner un volume et une masse non homogènes. Le modèle simplifie toujours, fait disparaître certaines caractéristiques du phénomène réel, mais il permet tout de même d'en tirer des conclusions nouvelles si les propriétés retenues sont bien les plus importantes, celles qui caractérisent vraiment le phénomène.

Y. V. — *N'est-ce pas l'ordinateur qui a rendu ainsi possible le développement rapide de la modélisation au cours des cinquante dernières années ?*

Y. G. — Depuis la Seconde Guerre mondiale, on assiste en effet à une multiplication des modèles numériques, phénomène engendré par l'avènement des ordinateurs qui nous permettent maintenant d'effectuer de nombreux calculs très rapidement. D'ailleurs, les ordinateurs ont d'abord servi pendant cette guerre à construire des modèles pour prédire la météo. Il était en effet très important de prévoir le temps qu'il ferait sur les champs de bataille pour préparer des attaques ou des débarquements. On connaissait les lois de l'hydrodynamique et de l'évaporation de l'eau depuis longtemps mais, avant l'avènement de l'ordinateur, il était impossible de traiter mathématiquement un grand nombre de ces équations simultanément pour en tirer des conséquences sur une longue période de temps et ainsi suivre l'évolution des masses nuageuses.

Aujourd'hui, tout est modélisé. On a des modèles numériques du trafic routier et de la compétition entre espèces. Dans ce dernier cas, on définit les règles qui font évoluer les espèces et on entre ces données dans un ordinateur qui applique les règles sur plusieurs générations et en traduit les résultats sur écran ou sous forme de tableaux numériques indiquant le nombre de survivants de chaque espèce présente dans le modèle écologique. On utilise aussi des modèles en sciences sociales. Je pense en particulier aux usages de la théorie des jeux pour modéliser la course aux armements. On veut savoir, par exemple, si un monde où cohabitent deux superpuissances est stable. Pour ce faire, on définit des règles qui modélisent une compétition entre deux ou plusieurs pays. On écrit des équations qui permettent d'analyser les effets de la compétition, en supposant par exemple que le pays Y va investir plus d'argent en armements s'il voit que le pays X augmente ses propres budgets d'armements. Couplé à d'autres équations qui tiennent compte de différents aspects de l'économie des pays, le modèle peut évaluer la stabilité du système en fonction du nombre de pays participant à la compétition. Enfin, on modélise de plus en plus de phénomènes en économie en important de la physique des outils mathématiques (comme la mécanique statistique). On tente ainsi, par exemple, de reproduire (et on rêve déjà de prédire) les tendances boursières et les bulles spéculatives sur les marchés financiers...

Y.V. — *Dans le monde biomédical, on parle souvent de « modèle animal ». En quoi est-ce aussi un exemple de modèle ?*

Y.G. — C'est en effet un type particulier de modèle qui répond aux spécificités des sciences de la vie. Si l'on veut comprendre une maladie donnée, l'obésité ou la maladie d'Alzheimer, on doit en connaître les mécanismes, c'est-à-dire la chaîne des réactions qui produit dans un organisme l'obésité ou l'Alzheimer. Il est bien sûr difficile et délicat d'expérimenter sur des humains. Les chercheurs ont donc créé, par des croisements d'abord et à présent par des modifications génétiques, des lignées de souris plus susceptibles d'être affectées par certaines maladies. Elles servent ainsi de « modèle » pour faire des expériences et étudier un type de maladie. La souris « onco-mouse » créée à l'université Harvard, par exemple, très susceptible de développer un cancer, est utilisée par les chercheurs en oncologie. Un modèle animal fournit donc une reproduction simplifiée du phénomène étudié qui s'apparente en principe au phénomène réel, de l'obésité, du cancer ou de l'Alzheimer, observé chez l'humain. L'un des premiers modèle animal a été mis au point dans les années 1910 par le biologiste américain Thomas H. Morgan (1866-1945) afin d'étudier les mutations génétiques et l'évolution des espèces. Il a utilisé la drosophile, qu'on appelle également la mouche à fruits. Cet insecte a la particularité de se reproduire extrêmement rapidement, ce qui nous permet de suivre sur plusieurs milliers de générations l'évolution de l'espèce soumise à des mutations, produites, par exemple par des radiations ou la présence de produits toxiques. La mouche à fruits a permis de tester la théorie selon laquelle les mutations génétiques sont à la base de l'évolution des espèces. Bien sûr, l'homme n'est pas la mouche, mais cette dernière nous en apprend tout de même beaucoup sur nos origines ! Le modèle animal peut ainsi servir de terrain d'expérimentation pour tester les lois de la génétique et de la théorie de l'évolution.

Y.V. — *Y a-t-il encore un avenir, une place pour de nouvelles lois, de nouvelles théories en science ?*

Y.G. — Au début du XXe siècle, certains scientifiques ont cru que la science avait découvert toutes les lois importantes. Or, quelques années plus tard, la théorie de la relativité et la théorie quantique allaient montrer qu'il y avait encore des choses à découvrir et à comprendre. Un bon historien doit être prudent lorsqu'il s'aventure à prédire l'avenir ! Chose certaine, même s'il est toujours

possible de découvrir de nouvelles lois, plus souvent approximatives et d'application locale, faire de la recherche scientifique
implique de plus en plus la construction de modèles.

En somme, entre les grandes lois de la nature et les théories
scientifiques à visée globale, il existe un espace conceptuel dans
lequel les scientifiques se placent de plus en plus : celui des
modèles. Ce sont eux qui, en combinant des hypothèses, des lois et
des théories, permettent d'expliquer les phénomènes dans toute
leur complexité.

4

Auguste Comte, le positivisme
et la constitution des étoiles

Yanick Villedieu — *On entend souvent dire que les scientifiques sont des positivistes, que la science ne jure que par les données empiriques. Le positivisme est en fait une doctrine philosophique qui deviendra en vogue au milieu du XIXe siècle grâce aux talents d'Auguste Comte…*

Yves Gingras — Auguste Comte (1798-1857) est en effet une grande figure de l'histoire de la philosophie des sciences. C'est lui qui invente le terme « positivisme » pour décrire sa doctrine, comme il invente aussi un autre terme appelé à un bel avenir : la sociologie, qui est une physique sociale, une science des sociétés, qu'il place à la fin de sa classification des sciences qui va des mathématiques à la sociologie en passant par l'astronomie, la physique, la chimie et la physiologie. Cette classification reflète, en ordre décroissant, le degré de positivité de chacune des sciences.

Y. V. — *Mais d'abord, qui était-il, un scientifique ou un philosophe ?*

Y. G. — Auguste Comte a une formation scientifique, avec un penchant pour les mathématiques. Il a étudié à l'École polytechnique de Paris de 1814 à 1816 mais n'a pas fait de carrière scientifique. Il a ensuite été le secrétaire particulier du comte de Saint-Simon (1760-1825) jusqu'en 1823 et il gagnera par la suite sa vie en donnant des cours publics et privés. Il mourra d'ailleurs plutôt pauvre. Son œuvre est donc essentiellement philosophique. Inspiré par son maître, Saint-Simon, mais aussi par Condorcet (1743-1794), sa vision du monde est fondée sur l'idée de progrès. En 1822, il énonce sa fameuse « loi des trois états » selon laquelle, sur le plan des connaissances, l'histoire de l'humanité correspond au passage de l'état théologique à l'état métaphysique et enfin à l'état positif qui seul constitue la science véritable. Dans l'état théologique, les explications des phénomènes naturels font intervenir l'action de divinités anthropomorphiques ; dans l'état métaphysique, les dieux sont remplacés par des entités et des puissances invisibles mais causalement efficaces. Enfin, dans la phase positive, les théories scientifiques n'ont pour objet que la coordination des faits observés sans référence à des causes inobservables. Selon Comte, le positivisme se distingue de l'empirisme qui n'est selon lui « qu'une stérile accumulation de faits incohérents » comme il l'écrit en 1844 dans son *Discours sur l'esprit positif*. Le positivisme est donc une doctrine qui définit la méthode de la science positive et interprète l'histoire de l'humanité comme une progression vers cet état final. Comte publiera plusieurs ouvrages, dont l'important *Cours de philosophie positive*, paru en six volumes entre 1830 et 1842, dans lequel il retrace l'évolution des connaissances dans les différentes branches de la science. Encore aujourd'hui, ils valent d'être lus pour leur clarté pédagogique et conceptuelle.

Y.V. — *Pour Comte la science véritable doit se limiter à ce qu'on peut voir, toucher, mesurer, manipuler…*

Y. G. — Comte affirme en effet que ce qui est invérifiable, comme les fluides électriques et magnétiques, sont des substances fictives qui relèvent de l'état métaphysique, état spéculatif qui précède le véritable état positif. La vraie science doit, selon lui, se limiter aux relations directement vérifiables entre variables sans chercher à imaginer des substances cachées qui seraient la cause des phénomènes visibles. Il accorde donc une place importante aux mathématiques qui servent justement à relier entre elles les variables mesurables sous forme de lois positives qui forment une théorie. Sa philosophie positive est ambitieuse, car elle prétend désigner « une manière uniforme de raisonner applicable à tous les sujets sur lesquels l'esprit humain peut s'exercer » comme il l'écrit dans l'introduction au premier tome de son cours.

Pour lui, la capacité de connaître la nature a donc des limites. Il soutient, par exemple, qu'on ne connaîtra jamais la constitution matérielle des étoiles ni celle des objets célestes, car on ne peut rien y mesurer directement et qu'il est inutile de spéculer sur la formation des étoiles. Dès l'ouverture de son *Traité philosophique d'astronomie populaire*, il affirme que « les astres ne nous étant accessibles que par la vue, il est clair [...] que leur existence doit nous être plus imparfaitement connue qu'aucune autre ». Et il ajoute que cette « inévitable restriction » interdit toute spéculation relative « à leur nature chimique ou même physique[1] ».

Y. V. — *Mais on prétend aujourd'hui connaître cette composition chimique des étoiles. Comment en est-on venu, contre l'avis même de Comte, à rendre ce savoir « positif » comme il disait ?*

Y. G. — Comme c'est souvent le cas en science, tout commence par une découverte fortuite. Un jeune artisan allemand du nom de Joseph Fraunhofer (1787-1826), fabricant de verres optiques de son métier, s'occupait à mesurer l'indice de réfraction d'un certain verre optique en comparant la réfraction obtenue à partir d'une flamme et celle provenant de la lumière solaire. Il découvrit alors un fait intrigant : au lieu d'observer un spectre continu, comme celui de l'arc-en-ciel par exemple, il constata que la lumière solaire comportait une série de lignes noires superposées au spectre

---

1. Auguste Comte, *Traité philosophique d'astronomie populaire*, Paris, Fayard, Corpus des œuvres de philosophie en langue française, 1985, p. 115.

continu des couleurs. Le chimiste anglais William H. Wollaston (1766-1828) avait fait la même observation en 1802, mais le travail de l'Allemand, plus soutenu, a été retenu et les scientifiques parlent aujourd'hui des « lignes de Fraunhofer » pour désigner le spectre d'absorption du soleil. Quoi qu'il en soit de la paternité de cette découverte, la question était posée : quelle était donc la nature de ces lignes ? N'en ayant aucune idée, Fraunhofer se contenta de les décrire de façon précise et de les nommer. Il les désigna par les lettres de l'alphabet de B à I, du rouge vers le violet. La détermination de la nature de ces lignes allait occuper les savants pendant plus d'un demi-siècle. Une décennie plus tard, en 1823, l'astronome britannique John Herschel (1792-1871) se met lui aussi à analyser la composition lumineuse des objets à travers une flamme. Il constate que la couleur qu'il voit à travers la flamme varie selon l'élément observé. Ainsi, le calcium n'émet pas les mêmes raies que le sodium. Herschel comprend donc que la couleur de la lumière émise par un élément dans une flamme peut nous informer sur sa nature et donc servir à déterminer la constitution chimique d'un composé.

Y.V. — *Une sorte de signature optique de la composition chimique de ces éléments !*

Y.G. — Exactement. Herschel s'approchait de l'idée des empreintes digitales de la matière, sans toutefois avoir fait la preuve que chaque élément comportait des caractéristiques qui lui étaient propres. Cette étape est importante, car si plusieurs éléments émettent ou absorbent exactement les mêmes lignes, on ne peut les différencier. Vers la même époque, en 1826, un autre Britannique s'intéressait au sujet. William Henry Fox Talbot (1800-1877), qui allait découvrir la photographie en même temps que Daguerre, en 1839, se demandait lui aussi quelle était la nature de ces fameuses lignes. Tout comme Herschel, son ami, Talbot considérait que ces raies indiquaient la formation ou la présence de composés chimiques. On commençait donc à faire le lien entre les

éléments et leur signature optique, ce qui allait bientôt permettre
d'élucider le mystère des lignes de Fraunhofer. C'est en 1836 qu'un
troisième Britannique, le physicien David Brewster (1781-1868),
affirma que les mêmes éléments absorbants, observés en laboratoire, étaient présents dans l'atmosphère terrestre et dans l'atmosphère solaire. Brewster, dans son laboratoire, observa les spectres
de différents éléments (tels l'acide nitrique et le sodium), et les
compara ensuite au spectre solaire. Observant les mêmes lignes, il
en déduisit qu'il y avait présence des mêmes éléments dans le
Soleil. Ce genre de raisonnement théorique permit donc d'aller
au-delà de la limite ultime de la science tracée prématurément par
Auguste Comte…

Y.V. — *Il s'agissait en effet d'une bonne observation suivie d'un raisonnement astucieux. Et l'histoire se poursuit…*

Y. G. — Bien qu'instructive, l'observation des spectres se trouvait
alors limitée car elle se faisait visuellement, sans autre instrument
de mesure. Or, la photographie, inventée en 1839, sera rapidement
utilisée à des fins scientifiques. Le physicien français Edmond Becquerel (1820-1891) sera le premier en 1842 à prendre des photographies du spectre solaire, photos qu'on appelait à l'époque des
daguerréotypes. On avait donc enfin un enregistrement matériel
des spectres lumineux, ce qui allait permettre de les mesurer et de
les comparer. Toute une nomenclature et un système de mesure
ont ainsi été élaborés, permettant la constitution de précieux catalogues contenant l'empreinte digitale de tous les éléments. Ces
catalogues allaient également permettre la comparaison de ces
empreintes avec celles des étoiles. Fraunhofer s'était d'ailleurs mis
lui aussi à l'observation des étoiles. En 1823, il avait constaté que ce
qu'il appelait la ligne D, observée dans l'étoile Bételgeuse —
Alpha-Orion —, était également présente dans le Soleil. Il en avait
alors déduit qu'il y avait des caractéristiques chimiques comparables entre le Soleil et l'étoile, du moins pour la ligne D. À partir
des années 1840, ce phénomène est à peu près reconnu. Une ques-

tion demeure toutefois : ces lignes proviennent-elles du Soleil ou de l'atmosphère terrestre ? La lumière parcourt la distance entre le Soleil et la Terre. On peut donc présumer une absorption dans l'atmosphère terrestre, et même, par extension, dans l'atmosphère interstellaire. On éclaircira finalement tout cela vers 1860. Le physicien allemand Gustav Kirchhoff (1824-1887) montrera qu'il existe dans les fameux spectres solaires deux types de lignes, celles de l'atmosphère terrestre et celles de l'atmosphère solaire. En effet, en soustrayant du spectre le premier type de lignes, on peut encore voir les lignes provenant du Soleil. Kirchhoff et son assistant, le chimiste Robert Bunsen (1811-1899), produiront un ouvrage sur l'analyse de la composition des raies spectrales et sur la composition chimique du Soleil. L'analyse spectrale des éléments leur a d'ailleurs permis d'en identifier deux nouveaux : le césium et le rubidium.

Y. V. — *Trente ans après la parution de la série de livres d'Auguste Comte, on avait donc prouvé que la science pouvait dépasser les limites qu'il lui avait imposées. On pouvait aspirer à connaître la composition chimique des étoiles et du Soleil sans avoir à s'y rendre pour en prendre les mesures. Auguste Comte s'était donc trompé. Sa philosophe positiviste est-elle un guide vraiment utile pour les chercheurs ? Sinon, par quoi devrait-on la remplacer ?*

Y. G. — On peut tirer deux leçons de cette histoire. D'abord, philosophes, éthiciens et autres censeurs, devraient être prudents lorsqu'ils prétendent légiférer sur les limites « intrinsèques » de la science. Ensuite, et plus important encore selon moi, force est de constater que le positivisme, dans sa tendance fondamentale au scepticisme à propos des entités postulées par la science, les atomes par exemple, est une philosophie inadéquate. Je crois qu'il faut lui préférer une forme de rationalisme appliqué et de matérialisme rationnel, pour reprendre les titres de deux livres du philosophe Gaston Bachelard. Cette forme de rationalisme a foi dans le pouvoir de la raison, et offre une philosophie plus optimiste que celle de Comte, car elle n'hésite pas à travailler à dépasser les apparences. Aujourd'hui, grâce au travail de la raison, associée à des instruments complexes, qui sont eux-mêmes de plus en plus l'incarnation de théories, on connaît non seulement la composition du Soleil, mais également celle des étoiles les plus éloignées, donc les plus vieilles, celles qui remontent aux origines de l'univers il y a plusieurs milliards d'années.

5

Les atomes : de l'hypothèse à la réalité

Yanick Villedieu — *À part les positivistes dont on vient de parler, qui aujourd'hui douterait de l'existence des atomes ? Personne, évidemment. Pourtant, il n'en fut pas toujours ainsi, et ce bien que le mot nous vienne de loin, atomos signifiant « insécable » en grec ancien. Une vieille histoire, une vieille idée que celle de l'atome…*

Yves Gingras — Il s'agit effectivement d'une vieille idée. Certaines de ces idées anciennes semblent rester les mêmes alors que, en fait, elles changent complètement de sens. La notion d'atome exprime, à la base, l'idée de discontinuité. Elle tire son origine de deux penseurs grecs du Ve siècle avant Jésus-Christ, Leucippe et Démocrite. Leurs œuvres ne nous sont pas parvenues et c'est surtout un auteur romain qui a vécu dans la première moitié du Ier siècle avant notre ère, Lucrèce, qui l'a popularisée dans son long poème, *La Nature des choses*. À un monde continu, comme un fluide, l'atomisme oppose un monde composé de petites particules de formes diverses mais éternelles et insécables, qui sont en mouvement perpétuel dans le vide. Au-delà de ces généralités, le concept reste vague et n'a aucune valeur opératoire. Il est même essentiellement tautologique, car les partisans de l'atomisme expliquent les sensations de sucré par le fait que certains atomes sont des sphères, et le goût acide par le fait que certains atomes ont des pointes. Bien sûr, rien de cela n'était vérifiable empiriquement. Critiquée par Aristote (384-322), qui croit qu'il n'y a pas d'espace vide dans l'univers et que, par conséquent, les atomes ne peuvent exister, cette doctrine ne redeviendra à la mode, si l'on peut dire, qu'au début du XVIIe siècle, époque qui remet généralement en question la doctrine aristotélicienne de la constitution de l'univers. Galilée par exemple s'en fera le défenseur dans un livre publié en 1623, *L'Essayeur*. Mais même à cette époque, les débats restent de nature philosophique, car il n'y a aucun moyen de voir ni de peser les atomes.

Y. V. — *La théorie moderne de l'atome n'émerge en fait qu'au début du XIXe siècle, avec le savant anglais John Dalton, n'est-ce pas ?*

Y. G. — On pourrait, bien sûr, débattre longtemps de la signification du mot « moderne », car le propre de la science est de se moderniser constamment. Au XVIIe siècle, la physique de Galilée et de Newton était moderne, mais aujourd'hui elle est classique et c'est plutôt la théorie d'Einstein et la mécanique quantique qui sont modernes pour les physiciens. Mais enfin, disons que du point de vue contemporain qui est le nôtre, il est vrai qu'avec le début du XIXe siècle l'atomisme reprend vie en chimie et devient un peu plus opérationnel, car lié cette fois aux mesures quantitatives. Un bon point de repère est la publication en 1808, par le médecin anglais John Dalton (1766-1844), de la première partie de son livre *A New System of Chemical Philosophy*, ou nouveau système de philosophie chimique.

Y. V. — *Philosophie… chimique ?*

Y. G. — En effet. Le terme anglais *natural philosophy*, philosophie naturelle, est utilisé depuis le XVIIe siècle et correspond à ce qu'on appelle en français la physique. La philosophie chimique de Dalton offre une nouvelle théorie chimique, un système qui permet d'expliquer de façon cohérente les connaissances chimiques de l'époque. Dalton veut ainsi offrir l'équivalent pour la chimie de ce que Newton avait fait pour la physique en 1687 en publiant ses fameux *Principes mathématiques de philosophie naturelle*.

Au début du XIXe siècle, la chimie est une science expérimentale qui manipule des substances, les pèse et, pour les gaz, en détermine le volume. Prenons l'exemple du sel. Les chimistes savaient qu'une quantité donnée de sodium, mélangée à une certaine quantité de chlore, donnait comme résultat un certain nombre de grammes de sel, NaCl, pour employer les symboles modernes. On détermina ainsi des lois empiriques, comme celles des proportions définies et des proportions multiples, selon lesquelles les éléments chimiques ne se combinent que selon certaines proportions. Par exemple, avec l'hydrogène (H) et l'oxygène (O), on peut former H_2O et H_2O_2 mais jamais H_4O ou HO_3. Les combinaisons possibles sont donc *définies* et limitées pour un produit donné (l'eau est toujours H_2O), mais peuvent dans certains cas être *multiples* car certains éléments peuvent se combiner de plusieurs façons (comme N_2O et NO_2 pour prendre un exemple utilisé par Dalton). Pour expliquer de façon simple l'ensemble de ces combinaisons, Dalton note qu'il suffit de supposer que chaque élément (le sodium, l'azote, etc.) est une entité discontinue, un atome, d'une certaine masse et comporte un certain nombre de liens, de « crochets » lui permettant de se lier à d'autres atomes. Le concept d'affinité chimique, élaboré au début du XVIIIe siècle, mesure la propension d'un atome à se lier de façon préférentielle à certains autres atomes, comme le sodium avec le chlore (pour donner le sel), ou l'hydrogène avec l'oxygène (pour donner de l'eau), et permet ainsi de caractériser chacun des atomes. Les chimistes ont d'ailleurs construit des tables d'affinités. Notons au passage que lorsqu'on dit que des personnes ont des affinités entre elles, il s'agit d'une expression empruntée à la chimie.

Y.V. — *De la même façon que l'on parle d'atomes crochus…*

Y.G. — … qui est aussi une expression empruntée à la chimie, tout comme celles d'humeur, de caractère sanguin ou bilieux, proviennent de la médecine grecque. La science s'insinue souvent dans notre vocabulaire quotidien ! Mais revenons à Dalton. Les atomes sont définis par leur masse. Mais comme il ignorait la masse réelle des atomes, et donc des éléments, il a construit un système comparatif consistant à donner arbitrairement la valeur unitaire à l'hydrogène. Dans ce système de mesure, le poids atomique de l'oxygène était 7, celui du soufre 13. Ces poids relatifs, mesurés par la balance, sont obtenus en analysant les diverses combinaisons chimiques des éléments entre eux.

Alors qu'elle nous semble évidente, la théorie atomique sera longtemps marginale et ne s'imposera pas avant le début du XXe siècle. Ce qui comptait, pour la majorité des chimistes, c'était les mesures. Pour obtenir tant de grammes du produit z, ils avaient besoin de tant de grammes de l'élément x et de tant de grammes de l'élément y. C'est tout ce qui comptait à leurs yeux. Ils produisaient ainsi des tables d'équivalents chimiques qui donnaient des proportions de chacun des éléments requis. Or, une proportion est un chiffre relatif qui ne dit rien de la masse absolue des éléments. On évitait ainsi de spéculer sur la nature intime de réalités invisibles. En France en particulier, où la tradition positiviste était forte, on évitait de se prononcer sur la nature ultime des éléments, de telles spéculations étant considérées comme relevant de la métaphysique. Le grand chimiste français Jean-Baptiste Dumas (1800-1884), qui publia en 1837 ses *Leçons de philosophie chimique,* s'opposera à l'atomisme au point d'écrire que, s'il était le maître, il effacerait le mot atome de la science. Un autre chimiste renommé de la génération suivante, Marcelin Berthelot (1827-1907), lui aussi farouche opposant à l'atomisme, demandera encore au milieu des années 1870, de façon rhétorique, « qui a jamais vu une molécule de gaz ou un atome ? ». Il considérait même l'idée d'une combinaison entre deux atomes identiques (comme H_2 ou Cl_2) comme une « conception mystique ».

Y. V. — *Mais cela ressemble beaucoup à la philosophie d'Auguste Comte, dont on a parlé dans l'entretien précédent, et qui se répand après les années 1830.*

Y. G. — En effet. D'ailleurs l'atomisme est particulièrement honni parmi les chimistes français qui sont de tradition positiviste, même s'ils ne se revendiquent pas tous de Comte. Cela montre d'ailleurs que la philosophie de Comte offrait en somme une version officielle, systématique et cohérente d'une philosophie spontanée déjà présente en pratique chez beaucoup de savants français du XIXe siècle. On peut même ajouter que ce n'est pas surprenant que le positivisme ait été une doctrine française, car les savants français ont toujours été plus opposés à l'emploi de modèles mécaniques que leurs homologues britanniques, qui au contraire aimaient bien se représenter le mode de fonctionnement des choses. Tout le XIXe siècle français sera donc fortement influencé par cette philosophie empiriste qui se méfie des entités invisibles. Le problème central de la théorie atomique vient du fait que les atomes sont invisibles. La théorie fournissait un modèle intuitif pour comprendre les phénomènes chimiques, mais la plupart des chimistes ne voulaient pas franchir le pas supplémentaire qui consistait à affirmer la réalité de ces atomes et molécules. Pour les plus pragmatiques, son usage était utile, sans plus, alors que les plus farouches opposants insistaient pour ne parler que « d'équivalents », c'est-à-dire des quantités relatives requises de tel et tel élément en vue de produire une réaction chimique donnée. Ils évitaient ainsi de parler d'atomes invisibles et s'en tenaient à ce qui était directement mesurable en construisant des tables d'équivalents chimiques, qui, du point de vue atomistique, sont des poids atomiques.

Y. V. — *Dalton trouve-t-il quand même quelques appuis en Europe ?*

Y. G. — Parmi les premiers partisans de Dalton, on retrouve le chimiste italien Amadeo Avogadro (1776-1856) qui propose en 1811 ce qu'on appelle aujourd'hui le nombre d'Avogadro. Ce dernier déclarera que non seulement il y a bien des atomes, mais que dans un volume donné, disons un litre, il y a toujours le même nombre d'atomes à température donnée (20° centigrades par exemple). L'affirmation d'Avogadro fait référence au fameux nombre $6{,}023 \times 10^{23}$ atomes ou molécules qui sont présents dans un certain volume de gaz à une pression et une température données comme on l'apprend dans les cours de chimie de l'enseignement secondaire. À l'époque, on ne pouvait bien sûr ni compter les atomes, ni les mesurer, les techniques étant trop rudimentaires. L'hypothèse d'Avogadro ne deviendra d'ailleurs généralement acceptée en chimie qu'après les années 1860 grâce, entre autres, aux efforts du chimiste italien Stanislao Canizarro (1826-1910). Comme la théorie de Dalton, l'hypothèse d'Avogadro restait marginale, car elle était difficile à comprendre en dehors du cadre atomistique. De plus, il faut dire qu'il régnait un tel fouillis dans la nomenclature chimique qu'il devenait difficile de savoir si l'on parlait toujours du même composé, certains étant représentés par plus d'une dizaine de symboles différents. Ce fut d'ailleurs pour mettre fin à cette cacophonie et mettre de l'ordre dans la nomenclature chimique que fut organisé le premier congrès international de chimie en 1860. C'est aussi au cours de cette réunion, tenue à Karlsruhe, en Allemagne, que l'on discuta des définitions précises de termes comme « atome » et « molécule », dont le sens n'était alors pas du tout fixé, ce qui ne faisait qu'ajouter à la confusion.

Y. V. — *Qu'arrivera-t-il pour que d'hypothèse douteuse, l'atome devienne finalement une réalité indiscutable ?*

Y. G. — La situation commence à changer dans la seconde moitié du siècle. De façon intéressante, les éléments pour sortir de ce débat, longtemps stérile entre partisans et opposants de l'atomisme, ne viendront pas de la chimie, mais plutôt, vous le devinez, de la physique…

Y. V. — *Évidemment, vous êtes physicien…*

Y. G. — Les chimistes n'aimaient pas les physiciens qui voulaient ravaler leur science au simple rang de « sous-produit » de la physique. Jean-Baptiste Dumas distinguait même l'atome chimique de l'atome physique, distinction qui perdurera chez certains jusqu'aux années 1910, époque des travaux des physiciens Niels Bohr (1885-1962) et Ernest Rutherford (1871-1937). Il est d'ailleurs cocasse que ce dernier, qui n'aimait pas les chimistes, ait reçu, en 1908, le prix Nobel de chimie pour ses travaux sur les atomes ! Mais avant la création de ce premier modèle physique de l'atome, les physiciens ont mis au point au cours des années 1860 et 1870 la théorie cinétique des gaz, qui se fonde sur l'idée que les gaz sont des particules en mouvement dans le vide. Ces particules ayant une masse, on peut leur appliquer les équations de la mécanique de Newton et en tirer plusieurs relations observables entre, par exemple, la pression d'un gaz, sa température, sa vitesse de diffusion, sa viscosité, etc. et les dimensions des atomes. Le physicien britannique James Clerk Maxwell (1831-1879) a ainsi calculé la distribution des vitesses des atomes dans un gaz et le physicien autrichien Ludwig Boltzmann (1844-1906) a, entre autres, proposé une explication atomiste de la loi thermodynamique de la croissance de l'entropie. C'est ainsi qu'on a élaboré une théorie mathématiquement compliquée, la mécanique statistique, qui consiste à combiner les lois de la probabilité aux lois de Newton appliquées à un très grand nombre d'atomes, considérés comme des particules dotées d'une certaine masse et d'une certaine vitesse. Au tout début du XXe siècle, très peu de physiciens étaient vraiment versés en mécanique statistique. Mais l'un d'entre eux avait compris que cette théorie pouvait permettre de mesurer les dimensions des atomes, amenant ainsi une preuve de leur existence. Cet homme est Albert Einstein (1879-1955). Si je dis : Albert Einstein, 1905, vous allez tout de suite répondre : la théorie de la relativité. C'est vrai, mais c'est incomplet. Car pendant cette fameuse année 1905, véritable *annus mirabilis* pour le jeune Einstein, qui a alors vingt-six ans, il publie en fait cinq articles, dont celui, fondamental, et qui nous intéresse ici, sur sa théorie du mouvement brownien.

Le mouvement brownien avait été découvert en 1827 par le

botaniste écossais Robert Brown (1773-1858). Observant du pollen dans l'eau à l'aide d'un microscope, il constata qu'au lieu de stagner, le pollen se déplaçait de façon apparemment aléatoire, à gauche, à droite, reculant, avançant dans toutes les directions. Le pollen semblait en fait être bousculé de part et d'autre, un peu comme la bille d'une machine à boules qui rebondit constamment dans des directions différentes après avoir heurté les obstacles placés sur son chemin. Bien que ce phénomène ait été connu depuis cette époque, personne n'avait toutefois réussi à l'expliquer de façon entièrement satisfaisante. Un très grand nombre d'explications avaient été proposées mais aucune ne rendait vraiment compte du fait que ce mouvement était éternel et ne diminuait pas avec le temps. On a d'abord cru que les particules étaient vivantes, mais on s'est vite rendu compte que même des poussières minérales subissaient les mêmes mouvements. On a pensé à un effet électrique, à un effet de tension superficielle, d'inhomogénéité de température ; tout y est passé.

Y.V. — *Et Einstein vint !...*

Y. G. — Pour comprendre comment il a été amené à ce problème, il faut d'abord rappeler que le jeune Einstein était un partisan de la mécanique statistique de Boltzmann et qu'il cherchait activement, en gros depuis le début du siècle, à démontrer la structure atomique de la matière. En 1905, il obtient d'ailleurs son doctorat en défendant une thèse qui proposait une nouvelle méthode théorique pour déterminer les dimensions des molécules dans des liquides, qu'il applique à une solution de sucre. Il calcule ainsi le nombre d'Avogadro et conclut qu'il est en accord avec les mesures obtenues par d'autres méthodes. Ces travaux relèvent de la chimie physique et, à cette époque, la théorie acceptée est la thermodynamique classique qui ne fait aucune hypothèse sur la structure atomique de la matière et ne retient, dans les équations, que les variables mesurables, comme la température, la pression et l'énergie. Or, le génie d'Einstein a été de comprendre que, contrairement à ce que tout le monde croyait, la thermodynamique statistique, qui se fonde explicitement sur le mouvement aléatoire des atomes, n'est pas parfaitement équivalente à la thermodynamique classique. On pouvait donc tester empiriquement la différence entre ces deux théories. C'est cette idée qui est à la base de son article intitulé « Sur le mouvement de petites particules suspendues dans un liquide au repos, selon la théorie cinétique-moléculaire de la chaleur ». Il calcule le mouvement moyen de particules très petites (environ 1/1 000e de millimètres) dans un liquide. Pour ce faire, il suppose que le liquide dans lequel flotte la particule est formé d'atomes. Il applique alors la mécanique statistique et parvient ainsi à calculer la distance moyenne que va parcourir une particule en fonction du temps. Il note, dès l'introduction, que le mouvement brownien pourrait être expliqué par sa théorie, mais qu'il manque de données précises pour être affirmatif sur ce point. Dès la parution de son article, il reçoit des lettres confirmant que le mouvement brownien correspond bien à ses prédictions et il publie aussitôt, en 1906, un second article dans lequel il prédit le comportement de rotation de ces particules.

Tout cela est extraordinaire. En appliquant à un liquide composé de molécules une théorie purement physique, la mécanique statistique, Einstein parvient à expliquer un phénomène qui avait d'abord intéressé les biologistes et qui avait résisté pendant trois siècles à toute explication satisfaisante.

Y.V. — *Sa théorie a-t-elle été rapidement confirmée ?*

Y.G. — Ironie de l'histoire, elle a été rapidement confirmée par un savant français, mais un physicien plutôt qu'un chimiste. Indépendamment d'Einstein, Jean Perrin (1870-1942) cherchait lui aussi à démontrer la structure atomique de la matière en s'intéressant aux colloïdes, des mélanges hétérogènes d'un liquide dans lequel baignent des particules de taille microscopique. Après avoir montré expérimentalement que la distribution verticale de densité d'un colloïde soumis à la gravitation obéit à une loi exponentielle comme le prévoit la théorie cinétique, donc atomique, il prend connaissance de l'article d'Einstein et entreprend aussitôt de tester empiriquement son équation reliant la distance moyenne parcourue par des billes microscopiques soumises au mouvement brownien en fonction du temps, selon laquelle la distance moyenne est proportionnelle à la racine carrée du temps écoulé. Fin expérimentateur, non seulement il confirme cette équation, mais mesure aussi la rotation moyenne de ces particules et montre que les calculs d'Einstein pour la rotation sont également conformes à ses mesures. Publiés en 1908, ses travaux apportent des preuves incontournables de la réalité des atomes. Perrin fait la synthèse des travaux sur le sujet dans un livre devenu un classique de la littérature scientifique, *Les Atomes,* paru en 1913. Pour en finir avec les sceptiques, il conclut son livre avec un tableau montrant que treize méthodes différentes convergent vers le même nombre d'Avogadro, ce qui ne peut être le résultat du hasard et démontre plutôt de façon convaincante la structure atomique de la matière. Pour son travail, on lui décernera le prix Nobel de physique en 1926.

Y.V. — *Pour avoir résolu une controverse de chimistes…*

Y.G. — … et avoir démontré l'existence des atomes, une invention des chimistes ! Au XIXᵉ siècle l'atome était un concept qui circulait surtout chez les chimistes, mais dès le début du XXᵉ siècle, il y aura transfert de concept et l'atome deviendra un objet de prédilection des physiciens.

Y.V. — *C'est ainsi que les physiciens se sont emparés de la matière au détriment des chimistes. En somme, au tournant du siècle, la distinction entre chimie et physique, si marquée auparavant, perd un peu de son sens.*

Y.G. — La radioactivité fournit d'ailleurs un autre exemple de la porosité de frontières disciplinaires plus académiques qu'épistémologiques. En 1896, alors que les chimistes ne croient pas encore aux atomes, le physicien français Henri Becquerel (1852-1908) découvre la radioactivité. Pour ce travail, il obtient le prix Nobel de physique en 1903. Quelques années seulement plus tard, en 1908, le physicien néo-zélandais Ernest Rutherford obtient le prix Nobel de chimie pour ses expériences et sa théorie de la désintégration de l'atome, d'ailleurs effectuées au cours de son séjour à Montréal, à l'université McGill entre 1896 et 1907. Ces exemples montrent bien à quel point l'atome était alors à la frontière de deux disciplines. Par la suite, il allait carrément devenir un objet d'étude dominé par la physique et les chimistes allaient désormais devoir se résigner à apprendre un peu de physique pour mieux comprendre la chimie...

Y.V. — *Et l'on retrouve le préjugé du physicien...*

6

L'irruption de la pensée statistique

Yanick Villedieu — *Du baseball au risque médical, en passant par les sondages avec leur marge d'erreur de « 3,3 % 19 fois sur 20 », nous vivons dans un monde de statistiques. La science, bien sûr, n'échappe pas à la règle, autant les sciences sociales que les sciences de la nature. Nous allons remonter aux sources de la pensée statistique.*

Yves Gingras — Les statistiques font maintenant partie de notre quotidien. La pensée statistique n'a toutefois pas toujours eu cours et est relativement récente. Sans remonter aux pratiques ancestrales des jeux de hasard, bornons-nous à enregistrer les grands textes théoriques qui feront date. En 1657, Christian Huygens (1623-1695) publie *Sur le calcul des jeux de hasard,* ce qu'on peut considérer comme le premier traité traduit en français sur le sujet. Les jeux de hasard (les dés par exemple) et les paris seront des objets d'étude qui intéresseront particulièrement les mathématiciens de l'époque. Ainsi, Blaise Pascal (1623-1662), peut-être davantage connu aujourd'hui pour ses célèbres *Pensées,* s'y est d'ailleurs lui-même penché dans sa correspondance avec Pierre Fermat (1601-1665). Un autre traité important voit le jour en 1713 : *L'Art de la conjecture,* de Jacob Bernoulli (1654-1705). À l'époque, le calcul des probabilités a pour but de comprendre les jeux, mais aussi d'aider à la prise de décisions rationnelles. On trouve notamment de nombreux travaux produits à la fin du XVIIIe siècle dans lesquels on tente de calculer la probabilité qu'en cour de justice un jury se trompe !

Par exemple, y a-t-il moins de risques qu'un jury se trompe lorsque le vote final est de 212 contre 200 ou de 12 contre 0 ?

Y.V. — *La différence est dans les deux cas de 12, mais le bon sens suggère que les deux situations ne sont pas équivalentes...*

Y.G. — Les discussions sont fort animées sur le sujet, car il y a bien une différence de 12 dans les deux cas, mais intuitivement, 12 contre 0 semble plus unanime que 212 contre 200, ou que 112 contre 100. Des scientifiques, dont le mathématicien Pierre-Simon de Laplace (1749-1827), se sont ainsi mis à faire des calculs mathématiques pour démontrer rigoureusement que, effectivement, la probabilité de faire une erreur de jugement à 12 contre 0 était plus faible que la probabilité de se tromper à 212 contre 200. Il s'agit donc ici de ce qu'on appelle un calcul du raisonnable. En somme, au Siècle des lumières on voulait tout rendre rationnel et le calcul était la façon la plus rigoureuse de raisonner. Il fallait donc l'étendre à toutes les décisions. D'ailleurs dès 1760, le mathématicien suisse Daniel Bernoulli publiait ses *Réflexions sur les avantages de l'inoculation* de même qu'un *Essai d'une nouvelle analyse de la mortalité causée par la petite vérole, et des avantages de l'inoculation pour la prévenir.* Il appliquait ainsi le calcul des probabilités à la médecine.

Au début du XIXe siècle, il se produit toutefois une coupure importante, notamment à partir de 1820. On bascule alors dans un monde dominé par ce que le philosophe Ian Hacking a appelé « l'avalanche de nombres ». Ces derniers commencent à être omniprésents dans différentes sphères de la société. D'ailleurs, bien que le mot « statistique » évoque pour nous nombres et calculs, il dérive en fait du mot « État ». Son origine est allemande : « *statistik* » contient le mot « *Staat* » qui signifie « État ». On trouve les premières traces de son utilisation en 1749 et le terme se réfère en fait à une description de l'état d'une nation au sens politique du terme. Il s'agira véritablement d'une avalanche de nombres qui déferlera à partir de 1820. Ainsi, on publie cette année-là une description statistique de l'Écosse, de Paris et de la Seine, pour ne nommer que celles-là. On commence à accumuler des données chiffrées sur le taux de suicide, les morts, le taux de naissances, la différence entre le nombre de garçons et de filles, le taux de criminalité, l'agriculture...

Y.V. — *On calcule tout, quoi ! C'est aussi au cours des années 1830 qu'émerge un grand nom de la statistique, le Belge Adolphe Quételet (1796-1874).*

Y. G. — Quételet est en quelque sorte le fondateur de la statistique dite sociale. Il inventera notamment le fameux concept de l'« homme moyen ». Entre 1831 et 1837, il publiera plusieurs ouvrages dont *L'Homme moyen physique,* dans lequel on trouve toutes sortes de données liées à la taille, au poids et à leur distribution parmi la population belge. Quételet constate alors que la distribution autour de la moyenne obéit à une loi existante, la loi des erreurs. Cette loi, élaborée d'abord pour l'astronomie, est connue aujourd'hui sous le nom de Loi de Gauss, qu'on connaît également sous le nom de courbe normale. Cette courbe avait été utilisée en astronomie pour calculer l'erreur moyenne, d'où son nom de courbe de distribution des erreurs. Quételet utilisera cette loi en l'appliquant à l'homme moyen, ce qui définira progressivement une nouvelle vision de l'homme, l'homme normal. Sans crier gare, l'homme « moyen » devient l'homme normal ! On passe ainsi des mathématiques à la morale.

Y.V. — *Cette fameuse courbe, maintenant appelée Courbe de Gauss, a la forme d'une cloche et est une représentation de l'homme moyen. Durant le XIXᵉ siècle, les statistiques, au sens contemporain du terme, se développent donc surtout dans les sciences sociales. Il y aura toutefois contamination, débordement, car d'abord inspirées de l'astronomie pour être appliquées aux sciences sociales, les statistiques vont ensuite connaître une large diffusion dans le reste des sciences de la nature.*

Y. G. — On observe un déplacement des sciences sociales vers les sciences physiques. Au cours des années 1870, on assiste aux débuts de la mécanique statistique avec le physicien britannique James Clerk Maxwell, considéré comme son fondateur. Il publie un texte de synthèse dans lequel il mentionne cette nouveauté en physique mathématique qu'est la pensée statistique. Les statisticiens sociaux découpent le recensement des individus en regroupements de différents facteurs, l'âge par exemple. Maxwell se demande alors « Pourquoi ne pourrait-on pas appliquer le même type de raisonnement aux molécules ? On pourrait par exemple regrouper les molécules possédant une certaine vitesse. » En faisant ce raisonnement, emprunté aux statisticiens sociaux, Maxwell découvre ce qu'on appellera la loi de Maxwell, ou encore Maxwell-Boltzmann, le physicien autrichien Ludwig Boltzmann (1844-1906) ayant travaillé immédiatement après Maxwell sur le même sujet. Cette courbe est, en fait, la courbe mathématique équivalente à la courbe de distribution normale. Autour de la vitesse moyenne d'une molécule, pour une température donnée, on trouve une distribution autour de la moyenne qui a la même forme que la distribution résultant de la Loi de Gauss, la fameuse courbe en forme de cloche.

Y.V. — *Mais cette pensée statistique n'est-elle pas également à la base de la fameuse physique quantique qui fait son apparition au tout début du XXᵉ siècle ?*

Y.G. — En effet. Lorsque le physicien allemand Max Planck (1858-1947) publie ses travaux en 1900, il utilise justement les méthodes de la mécanique statistique de Boltzmann pour les appliquer aux propriétés des ondes électromagnétiques. C'est alors qu'il s'aperçoit que pour être en accord avec les données empiriques, il doit quantifier l'absorption d'énergie selon la fameuse équation $E = h\nu$, ν étant la fréquence de l'onde électromagnétique et h la constante de Planck. Quelques années plus tard, en 1905, Albert Einstein interprétera cette formule pour montrer que les ondes sont en fait des particules, connues aujourd'hui sous le nom de photons. Le mode de pensée statistique est donc à la source de la révolution quantique.

Mais le passage de la physique quantique à la mécanique quantique au milieu des années 1920 avec les travaux de Werner Heisenberg (1901-1976) et d'Erwin Schrödinger (1887-1961) entraînera un changement important dans l'interprétation donnée aux statistiques et une remise en question du fameux déterminisme laplacien. Jusque-là, le caractère statistique de nos connaissances n'était que le reflet de notre ignorance. Ainsi un dé a une chance sur six de tomber sur le 5 (ou le 2) simplement parce que l'on ignore la complexité de son mouvement sur le tapis vert. Mais en principe, si l'on connaissait toutes les forces exercées sur le dé en mouvement, sa vitesse initiale, etc., on pourrait prédire sur quelle face il s'arrêtera. Les probabilités sont en somme subjectives, car elles ne sont le reflet que de nos connaissances sur le monde et non pas inscrites dans la nature des choses. Dans son fameux *Essai philosophique sur les probabilités* de 1814, Laplace exprime cette idée du déterminisme intégral. Avec Maxwell cependant, une vision indéterministe des choses commence à émerger. On pense alors de plus en plus en termes de statistiques objectives et de probabilités objectives. La dernière étape sera la mécanique quantique qui nous dit que la désintégration d'un atome est une question purement probabiliste puisqu'on ne peut déterminer le moment où elle se fera et que cela est intrinsèque à la nature et non pas le reflet de notre ignorance. De même, le mouvement des électrons dans les atomes est décrit en termes de « probabilités de présence ».

Y.V. — *En somme, le mode de pensée statistique s'est généralisé à l'ensemble des sciences, ce qui fait que les statistiques sont maintenant omniprésentes. Y compris dans notre vie quotidienne.*

Y. G. — Le sociologue allemand Ulrich Beck dit que nous vivons dans une « société du risque ». Et risque renvoie à calcul et à probabilités, de telle sorte que ces outils mathématiques sont aujourd'hui nécessaires à une prise de décision rationnelle.

7

Les lois de Mendel : les débuts
de la mathématisation de la biologie

Yanick Villedieu — *On fêtait récemment un centième anniversaire non négligeable : le 26 mars 1900, le chercheur hollandais Hugo de Vries (1848-1935) redécouvrait les lois de Mendel. Du même coup, il donnait enfin ses lettres de noblesses à celui qu'on considère aujourd'hui comme le père de la génétique, Johann Gregor Mendel (1822-1884).*

Yves Gingras — Mendel était un moine menant une existence paisible mais active dans un monastère de Brno dans l'actuelle république tchèque. Comme plusieurs naturalistes de l'époque, il s'intéressait particulièrement aux lois de l'hérédité. Le sujet n'est pas nouveau : il y a longtemps que les esprits curieux et les savants s'y intéressent, observant les ressemblances familiales, s'interrogeant sur les mécanismes sous-jacents. L'apport important, révolutionnaire même, de Mendel est d'avoir abordé la question sous un angle quantitatif.

Il travaille avec des lignées de petits pois et effectue des croisements entre différentes lignées. Il sélectionne d'abord les pois selon leurs caractéristiques physiques : des pois longs et des pois courts, ridés et lisses, petits et gros. Minutieusement, il entreprend de croiser les pois en veillant à ne combiner qu'une variable à la fois. Par exemple, il croise un gros pois et un petit pois et en observe les fruits. Mendel constate alors qu'à la première génération, tous les pois sont gros. Toutefois, surprise à la seconde génération : on retrouve trois gros pois pour un petit, ce à quoi fait référence le fameux rapport 3 :1 de la seconde génération. Un caractère qui semblait donc avoir disparu à la première génération réapparaît à la seconde.

Y.V. — *C'est ainsi qu'il découvre ce qu'on appelle aujourd'hui les lois de Mendel. Bien que nous considérions aujourd'hui ces lois comme les bases fondamentales de l'hérédité, la publication qui suivra les expérimentations de Gustav Mendel passera à peu près inaperçue…*

Y. G. — Effectivement et ce, pour plusieurs raisons. Tout d'abord, la publication paraît en 1866 dans une revue locale d'histoire naturelle dont la diffusion n'est pas très grande. Toutefois, une autre raison, plus importante, fait appel au contexte. Il ne suffit pas de faire des découvertes, il faut qu'un cadre conceptuel soit présent pour les accueillir. En d'autres termes, une découverte doit se produire dans un environnement où l'on se pose des questions qui lui donnent un sens. Or, à l'époque, l'hérédité et le développement sont perçus comme des éléments indissociables, alors qu'aujourd'hui on distingue d'un côté les lois de l'hérédité, et de l'autre le développement, la morphogenèse. La conception de l'hérédité à l'époque de Mendel est donc continue, mêlant hérédité et morphogenèse. Avec Mendel, on assiste à l'émergence d'une conception discontinue de l'hérédité, selon laquelle des caractères ponctuels se combinent de façon mathématique.

Y.V. — *Que se passe-t-il pour que 34 ans plus tard, en 1900 précisément, on redécouvre Mendel et ses lois ?*

Y. G. — Au cours de la décennie 1880, quelques chercheurs s'intéressent aux modifications observables chez les plantes. L'un d'entre eux est un botaniste néerlandais, Hugo de Vries. Ce scientifique découvre l'existence de mutations discontinues, c'est-à-dire des changements de caractères se produisant de façon abrupte, qu'il nommera d'ailleurs « mutations ». Cette découverte va complètement à l'encontre du darwinisme de l'époque. En effet, selon la théorie de l'évolution de Darwin, les variations à l'intérieur des espèces sont continues. De Vries fait plusieurs expériences sur une plante, une *Œnotera Lamarquiana* — nommée en l'honneur du naturaliste français Jean-Bapiste Lamarck (1744-1829), auteur de la théorie de l'hérédité des caractères acquis. Il observe sur cette plante des changements discontinus de façon systématique. De Vries, intrigué, se met à fouiller la documentation scientifique, à la recherche d'un modèle discontinu de l'hérédité. C'est alors qu'il tombe sur les écrits de Mendel et les interprète dans le contexte de ses propres recherches. Notons que Mendel avait déjà été cité avant 1900, mais de façon sporadique, et ce n'est qu'à compter de 1900 que ses travaux prennent tout leur sens.

À partir de ce moment, donc, de Vries se lance dans une importante série de recherches qui contribueront à la mise en place de la génétique moderne. De Vries consignera ses découvertes dans un ouvrage en deux volumes, *La Théorie de la mutation,* qu'il publiera en 1901 et en 1903. De Vries adapte la théorie de l'évolution de Darwin à ses découvertes génétiques. Notons en passant que Mendel ne fait pas de lien avec les idées de Darwin. Ses lois ne sont qu'une combinatoire de caractères existants. Les lois de Mendel nous permettent, dans une situation où l'un des géniteurs a les yeux bleus et l'autre les yeux bruns, de générer les combinaisons mathématiques de ces caractères pour les descendants. Mais ces lois ne répondent pas à la question : pourquoi apparaît-il de nouvelles couleurs d'yeux ? Sans en connaître les mécanismes, de Vries explique le phénomène par le concept de mutation.

Y. V. — *Ce début de siècle fut fertile pour la génétique. Vers 1907-1908, un chercheur américain du nom de Thomas Morgan lançait la génétique moderne sur les rails en faisant de la mouche à fruits un véritable laboratoire de génétique expérimentale.*

Y. G. — Morgan vient rendre opérationnel le concept de mutation de de Vries. Le génie de Morgan est d'avoir construit le premier modèle animal. La drosophile sert de cobaye à Morgan dans ses études sur la mutation. Le chercheur arrive à la conclusion suivante : les mutations se produisent de façon aléatoire. Ce constat va lui aussi à l'encontre de la théorie de Darwin prévalant à l'époque. Morgan et de Vries sont donc tous deux en quelque sorte « anti-darwiniens » au début de leurs travaux. En effet, selon eux, l'existence de caractères discontinus ne fait plus de doute et c'est incompatible avec la théorie de Darwin. Il y a donc en 1910 un véritable débat avec, d'un côté, la théorie darwinienne et, de l'autre, les conclusions de Morgan et de Vries.

Comme de Vries avant lui, Morgan publie la synthèse de ses travaux en 1915 dans un ouvrage intitulé *Le Mécanisme de l'hérédité mendelienne*. On voit, d'après le titre, que Mendel est enfin reconnu entièrement pour son apport.

Y. V. — *Mais qu'en est-il de Darwin ? Malgré cette apparence de courant anti-darwinien, on sait aujourd'hui qu'il n'a pas été relégué aux oubliettes. Y aurait-il eu réconciliation ? A-t-on réussi à relire Darwin à travers les yeux de Mendel ?*

Y. G. — En quelque sorte. Au cours des années 1920-1930, on comprendra que ces deux concepts qui semblent être en opposition peuvent être intégrés dans une théorie plus générale. De cette synthèse émergera la fameuse théorie synthétique de l'évolution. On parle alors de « néo-darwinisme ». On accepte l'idée que les mutations sont discontinues et aléatoires et que c'est sur ces mutations que la sélection naturelle va opérer. Ainsi lorsque la mutation est favorable à l'organisme, la sélection naturelle va conserver cette mutation. Dans une niche écologique donnée, certaines mutations sont favorables et sont sélectionnées. Il ne s'agit donc pas de la théorie darwinienne de l'origine des espèces du milieu du XIXe siècle, mais bien d'une théorie renouvelée, élaborée collectivement au cours des années 1930. En 1937, cette synthèse est mise en forme par le généticien russe Theodosius Dobzhansky (1900-1975) dans son ouvrage sur *La Génétique et l'origine des espèces*. Il avait émigré aux États-Unis dix ans plus tôt et travaillait dans le laboratoire de Morgan.

La théorie synthétique qui combine mutation et sélection est toujours au fondement de notre compréhension des processus évolutifs. Encore relativement récente, cette synthèse offre un bel exemple d'adaptation de la théorie de l'évolution aux nouvelles découvertes scientifiques.

8

Un nouveau genre de science ?

Yanick Villedieu — *Au printemps de 2002 est apparu sur les rayons des librairies un livre qui a beaucoup fait parler de lui :* A New Kind of Science, *du physicien américain Stephen Wolfram. Ce livre de 1 284 pages ne serait rien de moins, selon son auteur, qu'une nouvelle bible des sciences…*

Yves Gingras — La publication de cette brique a effectivement fait tout un tabac dans la communauté scientifique. Cet événement est d'ailleurs très intéressant du point de vue de la sociologie des sciences, car il nous fournit ce qu'on appelle en science une « expérience de pensée » : c'est-à-dire qu'il nous permet d'imaginer ce qui pourrait arriver si l'on modifiait radicalement les méthodes habituelles de la physique. Mais avant de discuter de cela, il faut dire un mot de la carrière de Wolfram. Il faut d'abord noter que Stephen Wolfram est très connu dans la communauté scientifique. Il s'agit d'un génie précoce. Il publie son premier article scientifique dès l'âge de 15 ans et quelques années à peine plus tard, à 20 ans, il obtient son doctorat en physique théorique. Il a évidemment obtenu les médailles les plus prestigieuses réservées aux jeunes génies, dont la fameuse bourse MacArthur en 1981. En 1986, il fonde une compagnie (Wolfram Research Inc) et met au point le fameux logiciel *Mathematica*, grâce auquel il devient millionnaire. Et pour cause : ce logiciel est aux mathématiques ce que le logiciel *Word* est aux rédacteurs et autres professionnels de l'écrit.

Y. V. — *Il s'agit donc de quelqu'un de crédible.*

Y. G. — En effet, Wolfram est considéré comme un génie, en quelque sorte. Ironiquement, je dirais que les problèmes émergent au moment où il commence à se prendre pour un génie… S'isolant du monde scientifique, il se concentre sur ce qu'il considère l'œuvre de sa vie. Ce sera bien sûr, après 15 années de travail, *A New Kind of Science*. Fait intéressant, cet ouvrage ne paraît pas dans les grandes presses universitaires comme on devrait s'y attendre de la part d'un scientifique, mais est publié à compte d'auteur, par sa compagnie. Le manuscrit n'a donc jamais été évalué par ses pairs. Or ce genre d'évaluation est très utile, car il donne une idée de la réception probable de l'ouvrage. En général, les évaluateurs s'assurent que l'auteur tiendra compte des travaux antérieurs et ne cherchera pas à réinventer la roue…

Dans un tel contexte, il n'est pas surprenant de constater que le bouquin ait reçu un accueil passablement négatif tant chez les physiciens que chez les mathématiciens, les deux groupes les plus visés par cette « nouvelle science ». Il faut dire que Wolfram donne l'impression au lecteur d'avoir tout inventé… Entre autres choses, il affirme être l'inventeur des automates cellulaires, ce qui, il faut le dire, est tout à fait faux. Ce domaine de recherche fait son apparition après la Seconde Guerre grâce aux travaux d'un autre mathématicien de génie, John von Neumann (1903-1957).

Y. V. — *Ces automates cellulaires ne constituent-ils pas le cœur de son « nouveau genre de science », pour traduire littéralement le titre de son ouvrage ?*

Y. G. — Effectivement. Un automate cellulaire à une dimension, par exemple, est un programme d'ordinateur qui applique de façon répétée une règle simple qu'on invente. Imaginons une série de petits carrés (ou triangles) juxtaposés (les cellules) ; le modèle le plus simple étudie les relations entre cellules immédiatement adjacentes sur une ligne.

Un exemple de règle simple serait : « si au temps T_1 la cellule à gauche de la cellule centrale est noire et celle à droite blanche, alors au temps T_2 la cellule centrale deviendra blanche, sinon elle reste noire ». Puisqu'on invente la règle, on en ignore bien sûr les effets après de multiples itérations. On peut bien sûr faire ces calculs à la main pour quatre ou cinq itérations mais pas pour des milliards. Cependant, le développement des ordinateurs au cours des dernières décennies permet maintenant d'effectuer de longues séries de calculs très rapidement. Il est donc possible de répéter la règle des milliards de fois et d'observer le modèle ou dessin qui en résulte. Ces automates cellulaires occupent une place centrale dans la « nouvelle sorte de science » de Wolfram et ils permettent de produire une série de beaux dessins dont certains imitent les formes de phénomènes naturels. Son volume contient d'ailleurs surtout de telles images, un peu comme on peut en produire avec des fractales. Ainsi, un automate cellulaire peut créer des images qui reproduisent la géométrie d'un cristal de neige. Si on demande à l'ordinateur d'appliquer ce que Wolfram nomme « la règle 30 », on obtiendra une structure qui ressemble beaucoup à celle d'un coquillage naturel du genre *Conus textile* (voir ci-après)[1]. Mais cela ne prouve aucunement que le dessin est produit à partir de la « règle 30 ». Quoi qu'il en soit, ce sont des ressemblances de ce genre qui font croire à Wolfram — assez bizarrement, il faut l'avouer — que ses automates expliquent les formes naturelles, comme si la nature appliquait la règle particulière qui a permis de reproduire les formes observées sur les ordinateurs.

Dans les faits, cette prétendue nouvelle forme de science n'est qu'un retour à l'empirisme radical… sur ordinateur. Quant à cette idée d'une physique numérique avec automates cellulaires, Wolfram n'en est même pas l'inventeur. Avant lui, le physicien améri-

---

1. On peut voir la figure reproduite par la « règle 30 » sur le site http://en. wikipedia.org/wiki/Cellular_automata

Coquillage (genre *Conus textile*) dont le dessin ressemble à celui produit par un automate cellulaire.

cain Edwards Freins — jamais cité par Wolfram, bien entendu — avait inventé ce qu'il a nommé la physique digitale. L'idée centrale de cette physique est la suivante : ce qui n'est pas programmable n'est pas de la physique. Cela revient à dire par exemple que si on ne pouvait pas programmer les équations fondamentales de la relativité générale alors ce ne serait pas de la physique ! C'est donc une vision limitée et plutôt pragmatique de la science. Ce courant est, entre autres, lié à la montée en puissance de l'informatique après les années 1960. Qu'est-ce que la physique, au fond ? C'est l'étude des propriétés de la matière inerte. Sur le plan mathématique, elle consiste à trouver des équations mathématiques (souvent des équations différentielles mais pas seulement) qui, dans leur développement temporel, reproduisent le parcours et les trajectoires des objets étudiés. Comme la physique actuelle se fonde sur l'idée de particules élémentaires et d'atomes, alors les équations décrivent les processus physiques d'interactions entre ces particules et ces atomes.

Y. V. — *Si je comprends bien, Wolfram affirme qu'on doit abandonner cette physique des équations différentielles et chercher plutôt à créer des règles d'automates cellulaires qui reproduiraient sur ordinateur les phénomènes observés ?*

Y. G. — En effet. On partirait de règles établies *a priori* et de façon arbitraire pour ensuite vérifier si ce qu'elles produisent sur ordinateur se retrouve dans la nature. Si c'est le cas, alors on dira que la « règle 110 », explique ce phénomène et qu'une autre règle explique tel autre phénomène. Un coquillage strié par exemple est semblable à ce que produit la « règle 122 ». Quelle conclusion tire donc Wolfram ? Un coquillage est une programmation résultant de la « règle 256 »... Il s'agit évidemment d'une erreur de logique élémentaire : on ne peut inférer du fait que la règle produit un modèle semblable au coquillage que ce coquillage est le produit de la règle.

Y. V. — *Le processus est donc complètement inversé. Au lieu d'observer la nature pour en déduire certaines règles, on part des règles pour tenter de leur trouver une application naturelle.*

Y. G. — Oui, et les règles, par définition, sont en nombre infini. Vous pouvez inventer des milliers d'automates cellulaires sur votre ordinateur et vous amuser, par curiosité, à observer les modèles qui en résultent. Deux millions d'itérations peuvent résulter en un triangle, si vous trouvez la bonne règle. Et les résultats de ces essais aléatoires peuvent même ressembler à des choses que l'on retrouve dans la nature. Si vous êtes chanceux, vous pourriez trouver une règle qui reproduit les taches d'un zèbre par exemple. Mais pourriez-vous en conclure que le programme génétique du zèbre comprend un programme d'automates cellulaires ? Non, bien sûr. C'est l'erreur logique élémentaire que l'on reproche le plus souvent à Wolfram.

Mais abordons l'aspect plus sociologique de l'affaire. Ce que je trouve intéressant dans cette histoire est la procédure qu'emploie

Wolfram pour diffuser sa « nouvelle science ». D'abord, il publie à compte d'auteur et contourne ainsi facilement les objections (et donc la censure) de la communauté scientifique. Ensuite, notre millionnaire annonce une tournée mondiale afin d'aller expliquer sa nouvelle forme de science, dont il est le prophète. Enfin, Wolfram nous invite à visiter son site Internet, (voir http://www.wolframscience.com) sur lequel il met à la disposition des internautes des logiciels gratuits à télécharger. Les jeunes peuvent ainsi apprendre à faire de la programmation d'automates cellulaires, à s'amuser et à tester une infinité de règles. Et qui sait, vous trouverez peut-être par hasard un pelage de léopard, un papillon… Ce qui est intéressant dans ce phénomène est l'expérience de pensée dont je parlais au tout début et qui nous permet d'imaginer un autre genre de physique.

On dit souvent que la télévision a changé le comportement de nos enfants et leur mode de pensée. Imaginons maintenant que pendant les vingt prochaines années, les millions de dollars de Wolfram permettent à tous les jeunes de penser en termes d'automates cellulaires et de programmation. On peut imaginer qu'ils développeront un habitus, c'est-à-dire des schèmes de perception et d'interprétation de la nature qui les amèneront à croire que la science ne doit pas trouver des lois universelles sous forme d'équations différentielles, mais doit simplement reproduire des modèles à partir de règles appliquées par des automates cellulaires.

Revenons au XVIIe siècle. Galilée et Newton inventent la nouvelle physique, fondée sur l'idée de lois de la nature exprimées en langage mathématique. C'était alors « *A New Kind of Science* » tout à fait révolutionnaire. Les partisans de Descartes par exemple s'opposaient à Newton en affirmant que ce n'était pas de la physique mais des mathématiques. Pourquoi ? Parce qu'effectivement, avant Newton, la physique n'était pas très mathématisée et surtout pas la physique de Descartes telle qu'elle était présentée dans ses fameux *Principes de philosophie* de 1644.

Aujourd'hui, on peut imaginer ce que pourrait être la physique dans quarante ans si Wolfram réussit à inculquer à tous les jeunes la façon wolframienne de programmer. La science ne serait plus alors la recherche d'équations fondamentales de corps et de particules élémentaires, mais la production sur ordinateur de règles qui reproduisent les apparences des phénomènes. Ce faisant, reproduire un modèle, celui d'un coquillage ou de celui d'un zèbre, serait le but ultime de la science. On voit donc qu'il n'est pas impossible que la nouvelle science de Wolfram s'incarne dans le futur s'il réussit à inculquer cette nouvelle vision du monde. En fait, Wolfram a même créé en 1987 sa propre revue, *Complex Systems*, dans laquelle sont publiés des travaux de chercheurs utilisant son approche. Bien sûr, la simulation par ordinateur est toujours utile, mais si elle est *ad hoc*, elle n'explique rien et ne fait que reproduire le phénomène sans ajouter à notre compréhension. En fait, adopter l'approche de cette nouvelle sorte de science reviendrait à prendre pour de véritables animaux les images numériques des films récents produits par ordinateurs et à croire que les vrais animaux qui circulent autour de nous le font en utilisant le programme qui crée les images du film, oubliant ainsi la différence entre le réel et le virtuel…

Sciences et controverses

9

L'âge de la Terre… et de l'univers

Yanick Villedieu — *Même avec les meilleures intentions du monde, les scientifiques se trompent fréquemment… et parfois lourdement. Ces erreurs donnent souvent lieu à de fabuleuses controverses…*

Yves Gingras — Il y a en effet de nombreuses controverses qui sillonnent l'histoire des sciences et l'on a tendance à les oublier ou à sous-estimer leur importance pour l'avancement des sciences. De façon générale, elles se produisent lorsque deux camps défendent des points de vue incompatibles. Prenons l'exemple récent du conflit concernant l'âge de l'univers survenu au milieu des années 1990. Deux positions s'affrontaient. D'un côté, les tenants du modèle cosmologique calculaient la valeur de la constante de Hubble pour en déduire que l'univers aurait environ 10 milliards d'années. De l'autre, on retrouve ceux qui utilisaient des données concernant les amas globulaires, pour estimer l'âge de ces amas entre 12 et 15 milliards d'années.

Y. V. — *Mais alors certaines parties de l'univers seraient plus vieilles que l'univers lui-même… C'est impossible!*

Y. G. — Il y a contradiction évidente, mais qui a raison? D'un côté les astrophysiciens sont convaincus de bien mesurer la lumière qui parvient des amas globulaires et sûrs de leurs 12 milliards d'années. De l'autre, les théoriciens de la cosmologie relativiste, eux, ne jurent que par la valeur de la constante de Hubble, persuadés que leurs opposants sont dans l'erreur. Il y a donc controverse. Dans ce cas-ci, cependant, elle fut de courte durée. Les données récentes (2003) obtenues du satellite Wilkinson de la NASA, qui mesure les anisotropies dans la température du rayonnement fossile de l'univers, permettent de calculer un âge d'environ 13,7 milliards d'années, ce qui est assez vieux pour s'accorder avec l'âge des plus vieilles galaxies connues, en tentant compte des marges d'erreur.

Y.V. — *Mais certaines controverses ont tout de même duré des décennies avant de trouver leur solution. Je pense ici aux débats qui ont opposé physiciens et géologues sur l'âge de la Terre au début des années 1860. Il a fallu attendre près d'un demi-siècle pour arriver à un consensus…*

Y.G. — Cette controverse est intéressante car elle oppose des disciplines différentes : la physique d'un côté et la géologie de l'autre. Elle survient aussi à un moment où sont établies les grandes lois fondamentales de la conservation d'énergie et de la thermodynamique. La thermodynamique est l'étude des propriétés de la chaleur et de sa propagation. À la même période, les géologues, se fondant sur les principes établis par Charles Lyell (1797-1875) dans les années 1830, estiment l'âge de la Terre à plusieurs centaines de millions d'années. Il s'agit d'un ordre de grandeur fondé sur l'observation et l'analyse des différentes strates géologiques, des taux de sédimentation et l'étude des fossiles. En 1859, Charles Darwin (1809-1882) publie son fameux livre sur l'origine des espèces. Sa théorie de l'évolution par sélection naturelle suppose aussi une Terre vieille de centaines de millions d'années pour avoir le temps de produire des êtres complexes. Darwin avance 300 millions d'années, mais les critiques de sa méthode l'amèneront à enlever ce chiffre des éditions ultérieures de son livre.

Le physicien William Thomson (1824-1907), dit Lord Kelvin, celui-là même qui a donné son nom à une échelle de température absolue (les degrés Kelvin), a des doutes en ce qui a trait à la théorie darwinienne de l'évolution et surtout à l'idée que l'échelle de temps soit aussi longue que le suggère Lyell. Selon lui, les lois de la thermodynamique suggèrent plutôt que la Terre comme le Soleil sont relativement jeunes. Car si la Terre avait plusieurs centaines de millions d'années, ne serait-elle pas complètement refroidie, ainsi que son soleil ? Appliquant les lois de la diffusion de la chaleur, Kelvin montre en 1862 que l'âge de la Terre (et aussi du Soleil) est de l'ordre de 100 millions d'années tout au plus.

Y.V. — *En bref, les géologues et les biologistes de l'époque parlent de plusieurs centaines de millions d'années alors que les physiciens proposent une centaine de millions tout au plus.*

Y. G. — Assez étonnamment, les géologues, d'abord surpris, semblent se résigner devant les calculs de Kelvin. Après tout, ceux-ci s'appuyaient sur des lois mathématiques complexes. Dans la hiérarchie implicite des sciences, la géologie est dominée et la physique dominante. Il faut dire que les géologues n'ont à l'époque aucune méthode leur permettant d'obtenir une coordonnée temporelle précise pour vraiment mesurer l'échelle de temps. L'âge des strates géologiques est alors relatif et non pas absolu. Même Lyell, après avoir suggéré un âge de 240 millions en 1867, imite Darwin et retire cette estimation des éditions ultérieures de ses *Principes de géologie*. Thomas Huxley (1825-1895), le grand défenseur de Darwin, s'oppose à cela et considère que, malgré leur apparente précision, les calculs de Kelvin sont fondés sur des prémisses erronées. Mais, de façon générale, les géologues se rallient à la position de Kelvin. Même Huxley finit par admettre que les biologistes devront s'adapter et que, après tout, il est possible que la vitesse d'érosion soit plus grande qu'on ne le pensait et que les espèces évoluent peut-être plus rapidement qu'on ne le croyait.

Y.V. — *Le physicien Kelvin aurait donc réussi à régler un problème de géologie simplement en construisant un modèle mathématique de la Terre !*

Y. G. — Si je puis me permettre, il s'agit d'un cas typique d'arrogance de physicien. Devant le modèle de Kelvin, les géologues, ignorant les lois de la physique mathématique, étaient nécessairement dans l'erreur et devaient se rallier à l'opinion dominante. Kelvin attaque même Lyell en disant que sa théorie de la Terre est incompatible avec les lois de la physique. On retrouve ici un discours promis à un bel avenir : le physicien légifère sur les autres sciences et décrète ce qui peut exister ou non en postulant que seuls ses modèles font loi !

Y.V. — *Cependant Kelvin se trompait.*

Y. G. — On le sait maintenant. Ce qui est intéressant, c'est d'analyser comment on trouva la solution finale. Durant près d'un demi-siècle, un réel flou scientifique entoure la question. D'un côté, les géologues attribuent finalement à la Terre 100 millions d'années. De l'autre, Kelvin, continue à travailler sur le problème et, en 1897, annonce que ses nouveaux calculs oscillent plutôt entre 20 et 40 millions d'années... encore moins que ce que les géologues avaient dû admettre à contrecœur.

Pour faire une histoire courte, disons tout de suite que le problème sera finalement réglé au début du xxᵉ siècle. Ernest Rutherford (1871-1937), physicien néo-zélandais formé à Cambridge (en Angleterre) et alors professeur à Montréal à l'université McGill, travaille sur la radioactivité, découverte en 1896 par le physicien français Henri Becquerel (1852-1908). Il s'aperçoit, en 1903, que la chaleur produite par la désintégration des atomes est en fait énorme étant donné leurs dimensions minuscules. Il en déduit que ces éléments radioactifs étant bien sûr distribués dans l'ensemble de la croûte terrestre, ils réchauffent la Terre. Celle-ci, loin de se refroidir constamment comme le croyait Kelvin, peut garder une température moyenne constante pendant des millions d'années. En 1904, Rutherford se rend en Angleterre et fait une conférence en présence de Kelvin lui-même, au cours de laquelle il montre que les calculs du vieux physicien anti-darwinien sont faux, car ils présupposent l'absence d'une source de chaleur à l'intérieur de la Terre. Cette source de chaleur existe pourtant sous forme de radium et d'autres atomes radioactifs. C'est cette chaleur interne qui empêche la Terre de se refroidir comme le prévoit la thermodynamique pour un objet qui ne ferait que perdre sa chaleur sans en générer de l'intérieur. La Terre peut avoir une température constante comme l'affirmaient les géologues, qui ignoraient toutefois pourquoi ils avaient raison.

Y. V. — *Le problème était donc résolu par un autre physicien. Un Rutherford arrogant contre un Kelvin arrogant! Toutefois, Kelvin s'entêtera, refusant de se laisser convaincre.*

Y. G. — Lord Kelvin ne pourra se résoudre à croire la Terre très âgée, porte ouverte à la théorie de l'évolution qu'il rejetait. Il mourra donc sceptique, ne croyant pas que le radium puisse véritablement être source de chaleur à l'intérieur de la Terre. Le physicien allemand Max Planck ne disait-il pas, dans son autobiographie : « Une nouvelle vérité scientifique ne triomphe pas en convainquant ses opposants et en leur faisant voir la lumière, mais plutôt parce que les opposants finissent par mourir et que la nouvelle génération grandit et devient familière avec la nouvelle théorie. » C'est un peu ce qui est arrivé avec la position de Lord Kelvin à partir de 1905-1906.

La solution du problème a finalement émergé du cerveau d'un physicien, Rutherford, qui a créé la première technique de datation en utilisant l'uranium radioactif. En collaboration avec son collègue américain Bertram Boltwood (1870-1927) de l'université Yale, il a pu démontrer que certaines roches avaient au moins 600 millions d'années. Quelques années plus tard, Boltwood trouvera des roches de plus de 1,6 milliard d'années.

Y. V. — *Et aujourd'hui on estime que la Terre a environ 4,5 milliards d'années. Les physiciens donnaient finalement raison aux géologues et aux biologistes quant à leur conviction d'une Terre très ancienne...*

Y. G. — Ils contribuaient aussi à la mise au point d'une échelle de temps absolue, qui remplace l'échelle relative fournit par les strates et les fossiles. Les atomes fournissent en effet l'horloge qui permet de connaître l'âge de la Terre, ce que, il faut le souligner, plusieurs géologues croyaient impossible à la fin du XIXe siècle.

Cette longue querelle sur l'âge de la Terre montre aussi une fois de plus à quel point le conflit, le doute et l'esprit critique sont sources du progrès alors que le dogmatisme entraîne la stagnation…

10

La montée de l'eugénisme

Yanick Villedieu — *L'eugénisme a la particularité d'avoir été la première idéologie fondée sur la science. Commençons par situer le contexte d'émergence de cette idéologie.*

Yves Gingras — Cette histoire débute en 1859 avec la publication de *L'Origine des espèces* de Charles Darwin. C'est dans ce livre que Darwin présente sa célèbre théorie de l'évolution. Selon celle-ci, dans un contexte de lutte écologique entre les espèces, ce sont les individus les plus adaptés qui survivent et reproduisent l'espèce. La parution du livre de Darwin fait alors beaucoup de bruit, et pour cause : nous sommes au milieu du XIXe siècle, en pleine Angleterre victorienne, puritaine et pieuse. C'est l'époque du capitalisme sauvage, de la lutte de tous contre tous. Dès la sortie de l'œuvre de Darwin, certains font rapidement ce lien-ci : si le capitalisme est fondé en nature, il en découle que c'est aux plus aptes socialement à survivre, comme c'est le cas des plus aptes du point de vue biologique. Cette idée se transforme rapidement en une idéologie structurée grâce au travail du savant britannique Francis Galton (1822-1911), cousin de Darwin. Galton s'intéresse à l'hérédité de l'intelligence et publie en 1869 un livre très important, *Hereditary Genius*. Il est également l'un des premiers à tenter de faire des statistiques sur le sujet. Il en vient à la conclusion que le génie est héréditaire. Entre la théorie de Darwin et les conclusions de Galton, il n'y a qu'un pas pour que germe chez certains, dont Galton lui-même, l'idée suivante : on doit s'assurer que les plus intelligents se reproduisent et que les « idiots » et autre retardés soient stériles. Cela amène Galton à créer un nouveau terme : *eugenics,* eugénisme signifiant « être bien né ». L'eugénisme consiste donc à s'assurer de faire naître ceux qui le « méritent »... Galton mentionne deux formes d'eugénisme : l'eugénisme positif, qui consiste à assurer la reproduction des êtres plus intelligents, et l'eugénisme négatif, qui consiste à empêcher la reproduction des inaptes, des « arriérés ».

Y.V. — *C'est cet eugénisme négatif qui connaîtra un « succès » important. De ce contexte émergera un mouvement eugéniste, largement appuyé par des scientifiques de renom.*

Y. G. — Il est important en effet de noter que la base du mouvement eugéniste n'est pas constituée de quelques marginaux, mais bien de gens reconnus dans le monde scientifique. Ce sont des scientifiques qui propagent cette idéologie et créent des sociétés pour la promouvoir. En 1907 est créée en Angleterre la *Eugenic Education Society.* L'homme à l'origine de ce groupe n'est nul autre que Karl Pearson (1857-1936), l'un des fondateurs des statistiques. Vous connaissez d'ailleurs peut-être ce qu'on appelle le « coefficient de Pearson », un coefficient de corrélation qui mesure le lien entre deux variables. Ces coefficients ont justement été créés pour des motifs eugénistes. On tentait en effet de trouver des corrélations entre des facteurs liés à l'intelligence. Bien sûr, les mathématiques sont aujourd'hui indépendantes de l'eugénisme, mais les statistiques se sont développées dans le contexte précis de la montée de cette idéologie. Les Karl Pearson, Alexis Carrel (1873-1944) et Julian Huxley (1887-1975) défendent alors l'eugénisme, convaincus que l'humanité progressera mieux si on contrôle la reproduction des humains. Les États-Unis entrent dans la danse en 1923 en créant l'*American Eugenic Society.* Les Canadiens, jamais trop loin derrière les Américains, fondent la *Eugenic Society of Canada* en 1930.

Y.V. — *Le mouvement eugéniste mènera rapidement à des lois eugénistes.*

Y.G. — La montée du mouvement eugéniste permet une propagation rapide de cette idéologie dans la société et ces idées parviendront jusqu'aux élus. On commencera ainsi à voter des lois, dont la première en 1907 aux États-Unis dans l'État de l'Indiana. Dès 1909, on retrouve également des lois dans le Connecticut et la Californie. Les Américains sont donc les premiers à établir des lois en ce sens. Qu'est-ce qu'une loi eugéniste ? *Grosso modo,* il s'agit d'une loi de stérilisation obligatoire. Qui est visé ? Les malades mentaux, les déficients intellectuels, ceux qui souffrent de troubles du comportement… On voit que c'est loin d'être bien défini, ce qui ouvre la porte aux dérapages.

Y.V. — *Les premières lois sont donc adoptées aux États-Unis. Qu'en est-il du côté européen ? Y a-t-il aussi des pays qui se dotent de pareilles lois ? L'Allemagne nazie, j'imagine…*

Y. G. — En fait, toute une série de lois voient le jour durant la période de l'entre-deux guerres. La Suisse adopte des lois eugénistes en 1928, la Suède en 1934, le Japon, un peu plus tard, en 1948. Il est intéressant de noter que l'Allemagne nazie vote sa première loi eugéniste de stérilisation en 1933, loi directement calquée sur la loi américaine de 1907. Il s'agit là bien sûr d'une de ces ironies dont l'histoire a le secret : les nazis qui copient une loi américaine…

Y.V. — *Et que fait le Canada dans tout ça ?*

Y.G. — Ce pays n'est pas en reste, surtout en fait le Canada anglais. C'est en 1928 que la première loi eugéniste est votée, en Alberta. En 1933, en même temps que l'Allemagne, la Colombie-Britannique vote une loi de stérilisation obligatoire des « tarés », comme les déficients mentaux sont souvent désignés à l'époque.

Y.V. — *Que se passe-t-il du côté du Canada français ? Au Québec ?*

Y. G. — Au Québec, comme en Ontario d'ailleurs, on ne retrouve aucune loi eugéniste. C'est également le cas de la France. Il existe toutefois un mouvement eugéniste très fort en Ontario. Au Québec, ces mouvements sont pratiquement inexistants et pour cause : l'Église s'oppose toujours à l'intrusion de l'État dans les affaires privées. En outre, pour le clergé catholique la vie est sacrée, même celle des gens qui ont des déficiences mentales. C'est d'ailleurs ce qui empêche l'adoption de lois eugénistes en Ontario malgré la présence de groupes eugénistes. En effet, le nombre de catholiques est suffisamment important pour influencer l'État ontarien. Malgré la présence de lobbies des associations eugénistes canadiennes-anglaises, aucune loi ne sera instituée dans ces deux provinces.

Y.V. — *Les lois eugénistes qui ont été votées ailleurs au Canada ont-elles été appliquées ?*

Y. G. — Oui. En Alberta, par exemple, un nombre important de stérilisations a été effectué entre 1928 et 1972.

Y.V. — *Vous dites jusqu'en 1972 ?*

Y. G. — Surprenant en effet. Cette loi n'est abrogée qu'en 1972 en Alberta et en Colombie-Britannique. Pour l'Alberta, entre 1928 et 1972, 4 700 cas sont soumis au comité de stérilisation. Environ 2 800 sont approuvés. On y retrouve 64 % de femmes et 60 % des personnes ont moins de 25 ans. On veut bien sûr s'assurer que ces femmes ne se reproduiront pas, et elles sont donc stérilisées à l'âge de reproduction, soit au début de la vingtaine. On retrouve aussi une importante proportion d'Indiens et de métis. Environ 2 800 stérilisations, cela peut sembler peu sur cette longue période, mais il faut se rappeler que la population de l'Alberta était alors très faible. Aux États-Unis, on retrouve plus de 60 000 cas dans une trentaine d'États. Toutes proportions gardées, on aurait en fait stérilisé beaucoup plus de gens en Alberta qu'aux États-Unis.

Y.V. — *C'est énorme !*

Y.G. — Cette comparaison a d'ailleurs été soulignée il y a quelques années par un historien des sciences américain, Robert Proctor. Il a agi comme expert-conseil en Cour d'Alberta pour des familles des victimes de cette loi qui adressaient des réclamations au gouvernement. La conclusion de cet historien fut qu'il y eut proportionnellement plus de stérilisations en Alberta que sous l'Allemagne nazie. Les familles ont gagné leur procès et le gouvernement provincial les a dédommagées.

Y.V. — *On dit que le mouvement eugéniste décline vers la fin des années 1940. On parle donc beaucoup moins d'eugénisme après la Seconde Guerre mondiale ?*

Y.G. — L'eugénisme a alors mauvaise presse. Cependant, l'eugénisme renaît sous d'autres traits dans les années 1970 par le biais de la génétique. Jusqu'alors, la génétique est, *grosso modo*, une génétique des populations, qui consiste principalement à en étudier les transformations. Cela entraîne un eugénisme « populationnel » qui ne pouvait alors que s'incarner dans des lois, par l'intervention de l'État. Ç'a été le cas pour les lois eugénistes. À partir des années 1970, on commence à avoir accès à des tests de dépistage. C'est ainsi que l'eugénisme refait surface, sous une forme plus personnelle, individuelle. Il s'agit maintenant de décisions prises par un individu ou par un couple, dans un cadre privé. Ainsi, lorsqu'un couple fait effectuer un test de dépistage prénatal, il peut décider d'interrompre la grossesse. Il s'agit d'une forme très précise d'eugénisme, un choix individuel effectué maintenant en toute conscience dans le secret du cabinet de médecin. La multiplication des tests de dépistage conduit ainsi à un eugénisme, omniprésent mais silencieux, puisque fait en privé. Non plus au nom de la race ni de la nation, mais au nom de l'individualisme qui domine les sociétés.

11

L'Homme de Kennewick

Yanick Villedieu — *On pourrait avoir l'impression que le monde dans lequel nous vivons aujourd'hui est un monde de rationalité et de raison, un monde d'où le mythe et l'irrationnel ont été évacués. Pourtant, les débats entourant la découverte de l'Homme de Kennewick montrent que les choses ne sont pas si simples.*

Yves Gingras — Le 28 juillet 1996, deux jeunes gens se promènent et découvrent un squelette aux abords de la rivière Columbia, près de la ville de Kennewick dans l'État de Washington aux États-Unis. Aussitôt averties, les autorités font appel à un anthropologue afin d'élucider le mystère de la provenance de ces restes humains. L'anthropologue effectue des mesures sur le crâne et découvre, à son grand étonnement, qu'à première vue ce squelette serait de type caucasien. Or, selon la catégorisation anthropologique des types de crânes, une autre catégorie, celle des mongoloïdes, caractérise les peuples autochtones de la côte Ouest américaine, les Caucasiens étant généralement d'origine européenne. Un peu surpris, l'anthropologue émet l'hypothèse qu'il s'agit peut-être des restes d'un explorateur du début du XVIIIe siècle. Or, une deuxième surprise l'attend, encore plus extraordinaire : la datation au carbone indiquera finalement que le squelette aurait environ 9 000 ans.

Y.V. — *Il s'agirait donc du squelette d'un ancêtre amérindien…*

Y. G. — Cette conclusion déclenchera plusieurs débats. Il faut rappeler qu'une loi fédérale importante régit les anciens cimetières autochtones. Cette loi stipule qu'on doit respecter les cimetières ancestraux et que les peuples autochtones ont le droit de rapatrier les artefacts humains ou fabriqués qu'on pourrait y trouver. Apprenant la nouvelle de la découverte du squelette, les autochtones de la région de Kennewick réagissent immédiatement. Si ces ossements ont 9 000 ans d'âge, se disent-ils, il s'agit indubitablement des ossements d'un de leurs ancêtres. Invoquant la loi votée en 1990, ils exigent que le squelette leur soit remis. Il s'agit d'un être humain, sacré à leurs yeux, qui se doit d'être enterré selon les rites ancestraux.

Y. V. — *On imagine que les anthropologues s'y opposeront, évidemment, souhaitant étudier le fameux squelette.*

Y. G. — Eh oui… D'autant plus qu'il s'agit d'une découverte d'importance. Il s'agit non seulement du squelette le plus complet, mais également le plus ancien découvert jusqu'alors dans la région. De plus, le fait que ses traits sont caucasoïdes soulève toutes sortes de questions liées aux théories dominantes concernant le peuplement de l'Amérique du Nord.

Peut-être y a-t-il eu par le passé davantage de mélanges entre types caucasiens et mongoloïdes qu'on ne l'a cru jusqu'ici… Les anthropologues veulent donc profiter de cette découverte pour tenter de répondre scientifiquement à ces questions. Ce qui ne sera pas possible, de toute évidence, si on remet le squelette aux autochtones, qui vont l'enterrer et non pas l'étudier.

Y. V. — *Empêchant ainsi l'étude du fameux Homme de Kennewick. Il ne s'agit d'ailleurs pas d'un cas isolé, un autre cas a posé le même genre de problème, toujours aux États-Unis.*

Y. G. — Il y en a en fait plus d'une douzaine. Mais vous voulez sans doute parler de la momie du Nevada qui fait son apparition à la même période que l'Homme de Kennewick. Cette fameuse momie a été découverte en 1940 et a été conservée pendant de nombreuses décennies dans un musée du Nevada. Il faudra une cinquantaine d'années avant qu'un anthropologue ne s'y intéresse sérieusement et décide d'extraire certains morceaux de l'intérieur de la momie afin de la dater. C'est ainsi qu'il découvre que la momie a un peu plus de 9 000 ans. Lorsqu'en 1996 le musée annonce dans les journaux qu'il ne s'agit pas d'une momie récente mais bien d'une des plus anciennes d'Amérique du Nord, le même phénomène se produit. La tribu locale invoque la loi de 1990 et demande que les ossements soient rapatriés et que la momie soit enterrée selon les rites ancestraux. Les scientifiques décident alors d'aller en cour, demandant qu'on cesse ces attaques et qu'on les laisse étudier la momie et, bien sûr, l'Homme de Kennewick.

Y.V. — *N'assistons-nous pas là, fondamentalement, à une lutte entre raison et religion, entre science et mythes ?*

Y. G. — Je crois en effet que c'est ainsi qu'on doit l'interpréter. L'historien et philosophe des sciences américain Thomas Kuhn (1922-1996), dans son ouvrage devenu classique, *La Structure des révolutions scientifiques,* a proposé l'idée que le savoir s'articule autour de paradigmes, soit un ensemble de concepts et de pratiques qui fondent une science. On a ainsi les paradigmes de la physique classique et de la physique quantique ou encore celui de la biologie moléculaire. Or, dit-il, il arrive souvent que des théories différentes, relevant de paradigmes différents soient en fait, « incommensurables », c'est-à-dire incomparables, ce qui rend impossible un choix rationnel.

Lorsqu'un scientifique, un anthropologue par exemple, examine des ossements, il y voit non seulement des restes humains, mais également un objet d'étude. Sa formation scientifique lui a appris à prendre une distance, à objectiver. En d'autres mots, aux yeux du chercheur, ce n'est pas commettre un sacrilège que d'observer ces restes humains, ou même d'en extraire un peu d'ADN (pour en déterminer les origines) et un peu de carbone (pour en faire la datation). Ces manipulations permettront, par exemple, de faire la filiation avec les tribus actuelles ou d'en évaluer l'âge. De l'autre côté coexiste une vision religieuse du monde, c'est-à-dire une vision du sacré.

On peut comprendre que si l'on part de l'idée que ces ossements sont sacrés, alors toutes les opérations habituelles du scientifique sont impossibles. En ce sens, il y a incommensurabilité entre deux visions du monde : l'une est profane, l'autre sacrée. Comme le sociologue allemand Max Weber (1864-1920) l'a dit, la science *désenchante* le monde. On peut penser par exemple à Darwin et à sa théorie de l'évolution, qui remet radicalement en cause le récit biblique. Dans le cas de l'Homme de Kennewick, nous avons d'un côté une vision mythique défendue par des groupes autochtones et, de l'autre, une vision scientifique du monde défendue par des anthropologues.

Y.V. — *Mais si ces deux visions sont vraiment incompatibles, comment trancher ? Comment choisir entre ces deux points de vue ?*

Y. G. — Comme on est aux États-Unis, la réponse est : le juge ! Car on devine que les avocats s'en sont mêlés… Et comme tout bon procès, la cause a duré plusieurs années. Sautons les étapes, qui ne nous intéressent pas ici, et disons que finalement les scientifiques ont gagné et obtenu la permission d'étudier à leur guise les fameux ossements.

Y.V. — *Mais sur quelle base le juge a-t-il tranché ?*

Y. G. — L'argument technique des scientifiques était que, pour pouvoir appliquer la loi de 1990, encore fallait-il établir avec certitude que les ossements étaient bel et bien ceux des ancêtres des groupes autochtones visés par cette loi. Et les juges — car il y eut bien sûr des appels — ont considéré qu'il fallait en effet établir si ces restes-là étaient bien ceux d'une tribu autochtone. Et pour ce faire, il fallait évidemment étudier les ossements. Or, tout porte à croire que l'Homme de Kennewick n'est pas un ancêtre des tribus autochtones installées dans cette région, ce qui suggère différentes vagues de colonisation. Cela pourrait même avoir des répercussions sur les réclamations territoriales fondées sur le fait d'une présence ancestrale. Le débat n'est donc pas seulement scientifique, mais pourrait avoir des effets politiques.

Ce cas fascinant montre bien que, face à deux conceptions incompatibles, les échanges d'arguments rationnels ne peuvent suffire à résoudre le problème. Ici, c'est le juge qui est appelé à trancher. N'en déplaise aux philosophes, le juge se fait en quelque sorte épistémologue, ayant la tâche de déterminer ce qui appartient à la science et ce qui est du domaine de la croyance et du mythe. Cette situation est de plus en plus fréquente. On trouve encore des juges, notamment dans le Sud des États-Unis, qui doivent se prononcer sur le droit d'enseigner la théorie de l'évolution dans les écoles, le cas le plus récent étant le procès tenu à Dover en Pennsylvanie et dont le jugement a été prononcé en décembre 2005. Le juge y démontre que le dessein intelligent n'est pas de la science et récuse ainsi la définition de la science proposée par les nouveaux créationnistes. On y reviendra au chapitre 29.

Y.V. — *Quelle leçon tirer de tout ça ?*

Y. G. — Deux conclusions s'imposent, il me semble. La première, c'est qu'il existe toujours dans notre monde prétendument rationnel et avancé des oppositions incommensurables entre des visions religieuses du monde et des visions scientifiques. La deuxième, c'est que les scientifiques sont en train de prendre de plus en plus conscience du fait qu'ils doivent se faire militants de la raison. Dans le cas de l'Homme de Kennewick, certains ont même créé des sites Internet visant à défendre ce que l'on commence à appeler, curieusement, le droit à la connaissance.

Y.V. — *Le droit à la connaissance ?*

Y. G. — Ce concept peut sembler surprenant. On a tendance à croire qu'on vit dans un monde qui encourage le développement de la connaissance. On voit toutefois que de nouvelles découvertes peuvent parfois remettre en cause certaines conceptions bien établies, comme l'origine de l'homme ou le peuplement de l'Amérique du Nord. Des théories peuvent même avoir un effet sur les lois, lois qui viennent à leur tour influer sur le développement de la science. Les droits ancestraux accordés aux groupes reconnus comme les premiers à avoir foulé un territoire donné peuvent être menacés lorsqu'une découverte vient suggérer que les premiers habitants ne sont peut-être pas ceux qu'on croyait jusqu'alors. La science peut ainsi entrer en conflit avec les intérêts politiques de certains groupes. Et il est à prévoir qu'il y aura toujours des résistances de la part de ceux qui voient leurs intérêts (politiques, idéologiques ou économiques) menacés par des découvertes inattendues. Dans un tel contexte, il faut en effet promouvoir plus que jamais le droit à la connaissance.

12

La saga de la fusion froide

Yanick Villedieu — *Comme on s'intéresse ici aux controverses scientifiques, il est difficile de pas traiter de la fameuse affaire de la fusion froide.*

Yves Gingras — Contrairement à la plupart des controverses scientifiques, qui demeurent confinées au sein de la communauté scientifique, le débat sur la fusion froide a eu une visibilité médiatique exceptionnelle qui a donné lieu à une véritable frénésie. Rappelons rapidement les faits. Le 23 mars 1989, les électrochimistes Martin Fleischmann et Stanley Pons convoquent — avec l'appui de l'Université de l'Utah où travaille Pons — une conférence de presse pour annoncer en grande pompe qu'ils ont réussi une expérience étonnante : produire de la fusion nucléaire dans une simple éprouvette à température ambiante ! Quand on sait que les physiciens armés d'appareils gigantesques coûtant des centaines de millions de dollars n'y sont pas parvenus après des décennies de recherche, on comprend que l'annonce fait du bruit… Et pour cause : car on a toujours cru que pour faire de la fusion nucléaire il fallait atteindre la température du Soleil, soit quelque 50 millions de degrés Celsius !

Si les médias ont couru l'événement, c'est que la fusion nucléaire promet une source d'énergie pratiquement infinie comparée à la fission nucléaire de nos réacteurs actuels qui utilisent une ressource non renouvelable, l'uranium.

Y. V. — *On peut donc aisément imaginer l'incrédulité des physiciens devant l'affirmation de chimistes affirmant avoir réussi ce tour de force dans une éprouvette installée sur le coin d'une table de laboratoire de chimie ! L'histoire a d'ailleurs rapidement été classée au rang des épisodes farfelus…*

Y. G. — Par les physiciens au premier chef. Mais, en fait, elle est fascinante pour un sociologue des sciences, car elle met en évidence la complexité des arguments scientifiques qui mènent, le plus souvent dans le silence et la bonne entente, à l'acceptation de nouvelles découvertes. Regardons plus en détail ce que les deux chimistes ont vraiment observé.

Leur appareil était relativement simple sur le plan conceptuel et consistait en un circuit d'électrolyse de l'eau, expérience banale que l'on fait déjà dans un cours de chimie à l'école secondaire. La différence ici est que l'eau ordinaire était remplacée par de l'eau lourde (qui contient du deutérium au lieu de l'hydrogène) et que la cathode (l'électrode négative) était en palladium, un métal réputé pour sa capacité à absorber beaucoup d'hydrogène (ou de deutérium), un peu comme une éponge absorbe l'eau facilement dans ses pores. L'anode (positive) était en platine. En somme, l'électrolyse de l'eau lourde libère les ions positifs de deutérium qui sont absorbés dans le palladium branché au pôle négatif de la pile.

Tout cela est donc relativement simple et bien connu. Sauf qu'ils affirmaient que leur petit montage produisait plus d'énergie qu'il n'en consommait. Or, la loi de la conservation de l'énergie, établie depuis le milieu du XIXe siècle, stipule que cela est impossible : comme le disait déjà Lavoisier à la fin du XVIIIe siècle : « rien ne se perd, rien ne se crée ». Il faut donc que le prétendu surplus d'énergie vienne de quelque part. La seule solution, selon Pons et Fleischmann, est que l'énergie provienne de la fusion de noyaux d'hydrogène à l'intérieur du réseau du palladium.

Si on admet qu'il y a bel et bien excès d'énergie, leur conclusion est logique : la réaction chimique de dissociation de l'eau ne pouvant produire cette énergie, elle doit provenir d'ailleurs. Or, la seule possibilité qui reste est la fusion nucléaire. Mais d'autres scientifiques, les physiciens en particulier, raisonneront différemment : il est impossible de faire de la fusion dans une éprouvette, *donc* le surplus de chaleur n'est pas un « fait » mais un artefact et le fruit d'une erreur de mesure ! Les deux groupes raisonnent correctement mais à partir de prémisses différentes.

Y.V. — *Mais en science la vraie question est toujours : est-ce reproductible ? D'autres laboratoires ont-ils réussi à observer le phénomène ?*

Y.G. — C'est en effet la question cruciale. Or, parmi les nombreux essais effectués dans d'autres laboratoires, certains étaient positifs et d'autres négatifs. Cela rappelle que reproduire un phénomène n'est pas toujours facile et demande une certaine expertise. Conceptuellement, l'appareil peut sembler simple, car il mesure une différence de température avant et pendant que l'électrolyse se produit. Cependant, la détermination du zéro (ou point de référence) et le calibrage de l'appareil nécessitent non seulement certaines habiletés spécifiques, mais également une bonne connaissance de la calorimétrie.

Ainsi, sept ans après l'annonce originale, des résultats contradictoires sont publiés. Pour faire le point sur le sujet, un chercheur japonais présente une communication au 6ᵉ congrès annuel de fusion froide qui se tient au Japon en octobre 1996, communication qui viendra ébranler certaines convictions. En se fondant sur l'étude du bilan des cinq années précédentes, il fait le constat suivant : plus les appareils sont complexes, coûteux et contrôlés, plus les résultats sont négatifs — aucun phénomène de fusion froide n'est observé. Il va même plus loin : l'ultime critère semble être la crédibilité de l'expérimentateur. C'est l'habileté reconnue qui guide l'acceptation ou le refus des résultats. De quoi réjouir les sociologues des sciences qui avaient depuis longtemps attiré l'attention sur l'importance de la crédibilité dans l'acceptation de nouvelles découvertes scientifiques. Après tout, on ne peut pas toujours tout vérifier et il faut faire confiance aux chercheurs. On peut même penser qu'un seul résultat positif provenant de chercheurs du Massachusetts Institute of Technology (MIT), par exemple, aurait eu plus de valeur que dix résultats négatifs annoncés par des petits laboratoires inconnus. Et inversement, le seul résultat négatif, signé par neuf auteurs, et émanant du laboratoire de Harwell en Angleterre, un lieu renommé en recherches nucléaires, publié dans *Nature* dès novembre 1989, suffira à convaincre la majorité des scientifiques que la fusion froide n'existe pas malgré les annonces répétées de Pons et de Fleischmann et de quelques autres à l'effet que le phénomène est reproductible. Le clou sera d'ailleurs enfoncé un peu plus par un éditorial de la célèbre revue *Nature* intitulé « L'embarras de la fusion froide », dans lequel John Maddox, alors rédacteur en chef de la revue, déclare publiquement, dix mois après la publication originale, que la fusion froide est une affaire classée : il ne s'agit plus de science. Il ira même plus loin : ceux qui, désormais, prendront l'idée au sérieux et daigneront s'y intéresser devraient être qualifiés de sectaires !

Y. V. — *Et pourtant… Plusieurs scientifiques sérieux et surtout curieux continueront à tenter de reproduire l'expérience initiale.*

Y. G. — Des théoriciens sérieux et reconnus comme John Hagelin au MIT et le Nobel de physique Julian Schwinger tenteront même de proposer une théorie pouvant expliquer le phénomène, mais ils seront fortement critiqués et même stigmatisés. En fait, on peut dire que l'intervention de Maddox fut une erreur. Son jugement fut quelque peu hâtif, sinon même un peu dogmatique. Il était peu probable que le phénomène annoncé par Pons et Fleischmann soit réel, mais, en science, on doit garder l'esprit ouvert car une découverte qui remet en cause les acquis peut toujours survenir. Alors que Maddox excommunie, le président de Toyota flaire une bonne affaire et décide, en 1991, d'y investir trente millions sur quatre ans en créant un laboratoire dans le Sud de la France, près de Nice, spécialement dédié aux travaux sur la fusion froide. L'homme d'affaires prend des risques, mais se dit : si jamais cela donne vrai-ment des résultats positifs, je ferai des milliards avec les brevets… Finalement, le laboratoire est fermé en 1998 car, malgré toutes les tentatives, rien de révolutionnaire ne sort vraiment des cellules d'électrolyse.

Revenons aux débuts de l'affaire. L'engouement pour la fusion froide s'est traduit par l'organisation d'un congrès annuel où sont annoncés les résultats des recherches menées de par le monde. Depuis 1990 et chaque année, la conférence attire à la fois des scientifiques sérieux et des amateurs. Fait intéressant, à compter de la 11e conférence, tenue en 2003 à Cambridge, aux États-Unis, le titre est changé : au lieu de l'habituelle « International Conference on Cold Fusion (ICCF) » cela devient « International Conference on Condensed Matter Nuclear Science ». Comme si la fusion froide était devenue un sujet tabou, en tout cas stigmatisé, et n'attirait plus assez de participants. Autre indice, les adeptes parlent de « fusion nucléaire à basse énergie » et non plus de « fusion froide ». Et ils continuent à se réunir chaque année. La 13e conférence s'est tenue en Russie en 2007 et celle de 2008 doit se tenir à Washington. Petit détail sociologique : quand on regarde les photos qui regroupent en rangs serrés les chercheurs qui assistent à ces congrès annuels, on est frappé par le fait que très peu de jeunes y sont présents. On n'y voit que des têtes grises. Cela suggère fortement que les jeunes chercheurs, à tort ou à raison, ne voient pas d'avenir dans la fusion froide. En fait, après le congrès de 1991, on peut même dire que ce domaine de recherche tend à regrouper des marginaux et des originaux.

Y.V. — *Ce dossier est donc maintenant clos, appartenant définitive-ment aux historiens…*

Y. G. — … et aux sociologues ! Mais on ne sait jamais en fait. En décembre 2004 le Département de l'énergie des États-Unis a rendu public un rapport faisant le point sur l'état des recherches sur les « réactions nucléaires à basse énergie » (le rapport évite aussi le terme « fusion froide »). La majorité des évaluateurs a conclu que les organismes qui octroient des subventions devraient appuyer la recherche de base sur l'absorption du deutérium dans les métaux (comme le palladium) si des chercheurs crédibles en faisaient sérieusement la demande. Ils notaient aussi que des progrès ont permis la mise au point de meilleurs outils calorimétriques mais que, malgré toute la recherche depuis 1989, aucune preuve n'est venue confirmer de façon claire l'existence de fusion nucléaire « froide ». En somme, une fois rebaptisée pour effacer le stigmate initial accolé à « fusion froide », la recherche inaugurée par Pons et Fleischmann sur les interactions entre le deutérium et un réseau métallique est devenue légitime. Qui sait s'il n'en sortira pas un jour une découverte majeure ?

13

D'Alan Sokal aux frères Bogdanov

Yanick Villedieu — *Pour conclure cette partie sur les controverses scientifiques, nous allons aborder deux histoires qui ont fait la manchette des journaux. La première est en fait un canular, c'est la fameuse « affaire Sokal », alors que pour la seconde, celle des frères Bogdanov, on se demande encore s'ils sont sérieux ou non…*

Yves Gingras — Commençons par l'histoire de ce physicien new-yorkais qui, au printemps de 1996, publie en anglais dans une revue d'études culturelles américaine assez obscure, *Social Text*, un article très savant intitulé « Vers une herméneutique transformative de la gravité quantique ». Déjà dans ce titre, les esprits avisés pouvaient détecter le style littéraire typique du post-modernisme, qui croit pouvoir combiner sans peine le vocabulaire des sciences et celui des sciences sociales sur un ton critique et inspiré. Ne se doutant nullement qu'il s'agit d'un canular, le comité éditorial accepte l'article et le publie. Or, ce texte était truffé de références bizarroïdes, de mots complexes et d'erreurs de physique et de mathématiques assez élémentaires. Aussitôt le texte publié, Alan Sokal contacte un magazine d'études culturelles, *Lingua Franca*, très lu à l'époque dans le petit milieu des études culturelles. Il dévoile alors qu'il a construit le texte de toutes pièces. Son but était de démontrer que certaines personnes se gargarisent de concepts empruntés aux sciences, concepts qu'elles ne maîtrisent généralement pas et qui n'ont aucune pertinence réelle dans les travaux de sciences sociales et d'humanités.

Y. V. — *Comment expliquer les répercussions de ce qui va devenir « l'affaire Sokal » dans les milieux universitaires américains ?*

Y. G. — Les répercussions furent en effet extraordinaires. Des centaines d'articles parurent dans les journaux et les magazines, et l'ampleur du débat surprit Sokal lui-même, qui devint instantanément une célébrité. On peut toutefois le comprendre en rappelant le contexte intellectuel très particulier qui prévaut aux États-Unis depuis le début des années 1990, qu'on nomme *culture wars*. D'ailleurs, le terme *science wars*, utilisé depuis l'affaire Sokal, en est une extension. Deux événements illustrent ce contexte particulier. En 1995, des historiens et des comités divers apportent sur la place publique un important débat sur les critères nationaux de l'enseignement de l'histoire. Aussitôt, on assiste à une réaction violente et massive de la droite américaine. Ses ténors lancent une campagne dénonçant les nouveaux programmes d'enseignement de l'histoire comme trop critiques de l'Amérique. L'histoire, selon eux, devrait servir à former des gens heureux et fiers de leur peuple et non à s'excuser constamment pour avoir fait la guerre ou colonisé un pays. La même année, au Musée des sciences de Washington, on prépare une exposition commémorant le 50ᵉ anniversaire de l'explosion de la première bombe atomique sur le Japon. On propose d'exposer le fuselage de l'avion *Enola Gay* qui transportait la fameuse bombe à l'uranium « Little Boy » qui explosa sur Hiroshima le 6 août 1945, suivie trois jours plus tard par l'explosion de « Fat Man », au plutonium, sur Nagasaki. Le scénario de l'exposition était assez critique envers le choix des autorités de l'époque d'avoir fait exploser la bombe atomique sur des civils et présentait les Japonais comme des victimes. La réaction des lobbies de l'armée ne se fait pas attendre : ces idées exposent une vision négative de l'Amérique ainsi qu'une image beaucoup trop positive des Japonais. Résultat : le plan de l'exposition est refait et la version finale dénuée de tout esprit critique.

Comme la droite conservatrice attribuait tous ces maux à l'influence des universitaires « de gauche » post-modernes, on peut aisément comprendre leur réaction enthousiaste à l'article de Sokal. La publication de son texte constituait, à leurs yeux, une preuve supplémentaire du manque de crédibilité des critiques de l'Amérique faites par les intellectuels post-modernes. Le véritable objectif de Sokal, légitime à mon avis, était simplement d'appeler à une plus grande rigueur dans les sciences sociales qui n'avaient pas à singer les sciences naturelles. On ne peut donc pas lui reprocher le fait que la droite se soit servi de son texte pour défendre un combat qui n'était pas le sien.

Y.V. — *Plusieurs penseurs français ont été épinglés par Sokal, je pense entre autres au psychanalyste Jacques Lacan et à son usage métaphorique des mathématiques. J'imagine que la réaction fut encore plus virulente en France…*

Y. G. — En France, le contexte de réception du texte de Sokal est tout autre, car les *culture wars* et *cultural studies* n'y ont pas vraiment d'emprise. La réaction médiatique fut en fait assez épidermique, car Sokal attaquait des « grands intellectuels français » comme Lacan et Derrida. Or, ces intellectuels circulent beaucoup dans les medias comme *Le Nouvel Observateur*, *Le Monde* et *Libération*. Au fond, la défense fut d'abord nationaliste, les journaux affirmant haut et fort qu'un petit Américain pragmatique ne comprenait rien au langage profond des penseurs français. Mais, malgré ces hauts cris de l'intelligentsia française, il demeure que les milieux universitaires et académiques français sont assez peu dominés par les auteurs que critique Sokal, lesquels sont plutôt extérieurs au milieu universitaire et leur carrière est plus médiatique qu'académique. En revanche, aux États-Unis, la question est beaucoup plus centrale au sein des universités, particulièrement au sein des départements d'études littéraires, friands de « *French Theory* », appellation qui regroupe sous un même label des auteurs français aussi différents que Foucault, Bourdieu et Derrida, engendrant ainsi un amalgame assez curieux. Dans ces milieux, l'impact institutionnel de l'affaire Sokal a été majeur et a laissé des marques, alors qu'en France, après quelques mois de débats superficiels dans les journaux, la poussière est retombée sans rien vraiment changer aux mœurs des intellectuels médiatiques.

Y.V. — *Plusieurs en ont conclu que Sokal avait démontré qu'il était facile de duper les revues de sciences sociales. Mais en fait, même les revues de physique peuvent elles aussi se faire prendre, non ?*

Y.G. — Certainement. Il existe en fait un cas peu connu survenu au début des années 1930 et qu'on a déterré dans le contexte de l'affaire Sokal. Un jeune physicien allemand, Hans Bethe (1906-2005), futur Prix Nobel, faisait un stage postdoctoral à l'Université de Cambridge en Angleterre. Il trouvait curieux que des physiciens sérieux comme Arthur Eddington (1882-1944), alors professeur à Cambridge, tentent d'expliquer pourquoi une certaine constante en physique dite « constante de la structure fine » avait comme valeur 1/137. Ce genre d'exercice n'est pas sans rappeler ceux qui étudient les rapports numériques entre les différentes dimensions des pyramides… Bref, Bethe et ses deux comparses (Guido Beck et Wolfgang Riezler) considéraient cela comme de la numérologie et décidèrent d'en rire. Ils concoctèrent alors un texte « Remarques sur la théorie quantique du zéro absolu » dans lequel ils obtiennent eux aussi ce fameux rapport 1/137 après quelques manipulations arithmétiques arbitraires. Soumis à la très sérieuse revue allemande, *Die Naturwissenschaften,* l'équivalent de la revue britannique *Nature,* leur petit texte de deux paragraphes est publié en 1931, à la surprise et au grand embarras des auteurs. On publiera ultérieurement une rétractation. Tout en étant amusant, cet épisode montre bien que même les revues scientifiques peuvent se faire arnaquer et que ce sort n'est pas réservé aux sciences sociales.

Y.V. — *Ce qui nous amène justement à une autre affaire impliquant les frères Igor et Grichka Bogdanov, des jumeaux dans la cinquan-*

taine qui, d'abord connus du grand public français pour leur carrière télévisuelle dans une émission de science-fiction style Capitaine Cosmos, décident de retourner aux études dans le but d'obtenir un doctorat en physique théorique pour Igor en 2002 et en mathématiques pour Grichka en 1999. Or, le fruit de leurs travaux a secoué le petit monde de la physique théorique à l'automne de 2002. Jusque-là, l'histoire semble tout à fait sérieuse...

Y. G. — La suite démontrera qu'il s'agit d'une histoire idéale pour un sociologue des sciences. Les frères Bogdanov firent leurs études de doctorat et soumirent une thèse, chacun de leur côté. Après évaluation par un comité de professeurs, l'Université de Bourgogne octroya un doctorat à chacun d'eux. Bien qu'ils aient obtenu séparément leurs doctorats dans des disciplines différentes, les frères Bogdanov avaient publié une série d'articles, qu'ils avaient cosignés, dans des revues reconnues dans le champ de la physique comme *Annals of Physics* et *Classical and Quantum Gravity*, dont les résultats forment la base de leur thèse de doctorat.

Y. V. — *Nous sommes donc dans tout ce qu'il y a de plus sérieux.*

Y. G. — D'autant plus qu'il s'agit de revues de physique théorique où prime l'évaluation par les pairs. Ce sont essentiellement les résultats de ces articles qui sont repris dans leur thèse. Autour du 23 octobre 2002, une rumeur concernant les frères Bogdanov est lancée dans un important groupe de discussion sur Internet. De nos jours en effet, la majorité des physiciens font partie de divers groupes de discussion sur Internet, sites liés à leurs intérêts et à leurs domaines respectifs. La rumeur concerne les publications des frères Bogdanov. Certains physiciens ayant lu les articles, notamment celui publié dans *Classical and Quantum Gravity*, croient qu'il s'agirait d'un canular! L'article en question porte sur la singularité de l'espace-temps, sur le pré-espace et sur la fluctuation quantique de la métrique de l'espace-temps. Plutôt ésotérique en somme.

Y. V. — *En fait, les auteurs traitent de ce qui se serait passé avant le big bang, n'est-ce pas ?*

Y. G. — Exactement. À la lecture de ce fameux article, certains physiciens se disent : « C'est une blague ! Les Bogdanov utilisent le jargon de la physique, mais leur texte n'a rigoureusement aucun sens ! » Immédiatement, certains membres du groupe de discussion font un parallèle avec l'affaire Sokal, dont on a parlé plus haut. L'histoire des frères Bogdanov diffère de l'affaire Sokal, car il s'agit ici de deux scientifiques — ayant obtenu leurs doctorats en physique mathématique — qui publient dans des revues reconnues par les physiciens. Or, ce sont les physiciens eux-mêmes qui qualifient l'article de canular. Alors que dans l'affaire Sokal on avait un physicien qui bernait des littéraires post-modernes, ici on a des physiciens théoriciens qui se croient bernés par d'autres physiciens théoriciens !

Y. V. — *Est-ce un canular, oui ou non ?*

Y. G. — Rapidement mis au fait des rumeurs circulant dans le groupe de discussion, les frères Bogdanov répliquent en affirmant qu'il ne s'agit pas d'un canular. Ils sont parfaitement sérieux. Leurs articles sont vraiment scientifiques. Ils ajoutent que si certains s'y opposent, ils doivent en critiquer le contenu, préciser ce qu'ils jugent faux et le démontrer. La discussion va bon train sur le site où se côtoient critiques et contre-arguments sur divers aspects des textes des Bogdanov. Plusieurs croient d'ailleurs que bon nombre d'affirmations n'ont en fait aucun sens.

Y. V. — *Nous avons donc d'un côté les jumeaux Bogdanov qui maintiennent qu'il ne s'agit pas d'un canular et de l'autre des physiciens qui déclarent que ces articles ne riment à rien. Que doit-on penser de tout cela ? Qu'est-ce que ce débat nous révèle sur ce milieu ?*

Y. G. — Une des questions que l'on peut se poser est la suivante : qui étaient les jurys externes sur le comité évaluateur des thèses des Bogdanov ? Chose pour le moins surprenante, on découvre que l'un d'eux est un physicien théoricien très reconnu dans le milieu, Roman Jackiw, professeur au Massachusetts Institute of Technology, le fameux MIT, à Boston. Ce physicien mathématicien, membre du jury de la thèse de physique théorique d'Igor, déclare dans une entrevue parue dans le *New York Times* du 9 novembre 2002, qui couvre la controverse, que la physique moderne s'apparente à l'art moderne. Je cite : « Une personne regarde une œuvre d'art et la trouve insignifiante. Une autre la regarde et dit que c'est extraordinaire. »

Y. V. — *En somme, Jackiw nous dit que la physique moderne, tout comme l'art moderne, est une question de goût ?*

Y. G. — Oui, la physique serait semblable à une œuvre d'art. Il ajoute même que dans la thèse d'Igor, il y a plusieurs aspects qu'il ne comprend pas mais qui semblent intéressants : « Toutes ces idées pourraient avoir du sens. [La thèse] montre une certaine originalité et une familiarité avec le jargon. C'est tout ce que je demande », conclut-il. La réaction à la petite phrase de Jackiw a été immédiate, un physicien déclarant qu'il « frissonne à l'idée que les gens pourraient penser que c'est comme cela que l'on fait de la physique ».

Du point de vue du sociologue des sciences, l'intérêt de l'énoncé de Jackiw ne réside pas dans le fait de savoir s'il a raison ou non. La question fascinante est plutôt la suivante : les physiciens théoriciens et mathématiciens sont-ils devenus incapables de séparer le bon grain de l'ivraie ? De plus, notons que si la même phrase avait été prononcée par un sociologue, les scientifiques auraient crié au scandale et l'auraient traité de tous les noms ! La comparaison avec l'affaire Sokal est intéressante, mais, en fait, l'affaire Bogdanov est beaucoup plus grave. Dans le cas de Sokal, il s'agissait de champs scientifiques différents : un physicien s'en prenait à certains travaux de littéraires et philosophes. Dans l'affaire Bogdanov, ce sont les physiciens mathématiciens eux-mêmes, entre eux, à l'intérieur même de leur discipline, qui se demandent s'ils ont affaire à un canular. Si on pouvait excuser un littéraire de ne pas saisir les blagues mathématiques dans l'article de Sokal, on ne peut en dire autant de physiciens mathématiciens qui n'arrivent pas à trancher sur la valeur des articles des frères Bogdanov.

On dirait en somme que les experts semblent incapables eux-mêmes de voir clair dans ce qui se passe. On est donc en pleine tour de Babel de la physique théorique. Cette affaire prend une telle ampleur que les éditeurs de *Classical and Quantum Gravity* ont publié une lettre déclarant qu'ils n'auraient pas dû publier l'article des Bogdanov, qu'il est passé entre les mailles de l'évaluation par les pairs… Le nouveau rédacteur en chef de la revue *Annals of Physics,* Frank Wilczek, professeur au MIT et prix Nobel de physique en 2004, déclare quant à lui que son prédécesseur n'avait pas vraiment pris en charge la revue. Si lui-même avait reçu cet article, il ne l'aurait jamais publié.

Enfin, il est intéressant de noter que certains des opposants aux travaux des frères Bogdanov sont de ceux qui critiquaient depuis longtemps les travaux sur l'origine de l'espace-temps, la singularité initiale de l'univers, la théorie des cordes et des super cordes et autres espaces à plusieurs dimensions de l'espace-temps. Beaucoup de physiciens considèrent (à tort ou à raison, ce n'est pas à nous de trancher) qu'il s'agit de pures spéculations sans contenu empirique. La physique théorique trop déconnectée de l'expérimentation se transformerait en une nouvelle métaphysique et parfois même en pure spéculation théologique sur la création du monde.

Y.V. — *Ça devient de la poésie… ou de l'art moderne comme l'a dit Jackiw !*

Y. G. — Même si l'on peut dire que le débat est clos dans le petit monde de la physique mathématique qui a conclu à une fumisterie, les protagonistes continuent de s'opposer sur l'encyclopédie en ligne Wikipédia en réécrivant constamment « l'histoire » de cette controverse. À l'automne de 2004, les jumeaux publient un ouvrage de vulgarisation intitulé *Avant le big bang* — mal reçu par les scientifiques qui y décèlent plein d'erreurs de physique — qui comporte des annexes dans lesquels ils reproduisent des opinions de physiciens sur leurs travaux. Fins stratèges, ils ont même réussi à faire préfacer leur ouvrage par le philosophe et ancien ministre de l'Éducation nationale française, Luc Ferry, lui-même figure très connue dans le monde médiatique français, mais totalement ignorant en matière de physique... Au moment de la parution de l'ouvrage, le magazine français *Ciel et espace* a fait un reportage intitulé « La mystification Bogdanov », montrant que plusieurs des citations étaient en fait tronquées et que les traductions de l'anglais au français transformaient des critiques négatives mais polies en éloges... La réponse des deux savants fut prompte : ils ont poursuivi le magazine en justice. Mieux vaut en rester là, car il est peu probable que les effets de toge modifient le point de vue des physiciens sur la valeur de leurs travaux.

TROISIÈME PARTIE

Sciences et économie

14

La frénésie des brevets

Yanick Villedieu — *On assiste depuis quelques années à ce que j'ap-pellerais la valse des brevets. Ceux-ci semblent en effet omniprésents, tant dans l'actualité que dans le quotidien des chercheurs des univer-sités et du privé. Yves Gingras, qu'en est-il de cette folie des brevets ?*

Yves Gingras — Je crois qu'à l'heure actuelle, il est effectivement approprié de qualifier cette situation de folie. Nous assistons à un dérapage important que nous tenterons ici de comprendre. Ce cli-mat de frénésie dans lequel nous vivons n'est pas nécessairement bon pour l'avancement des sciences…

Y. V. — *… ni sans doute de la connaissance. Pouvez-vous nous dire quelques mots sur l'histoire des brevets ? D'où nous vient ce concept ?*

Y. G. — On trouve l'origine des brevets dans l'Italie de la Renais-sance. En 1421, le fameux architecte de l'époque Filippo Brunel-leschi (1377-1446) obtient un brevet de l'État de Florence pour l'invention d'une nouvelle barge servant au transport du marbre sur les fleuves. Toutefois, ce qui constitue l'ancêtre véritable de notre système de brevets actuel est une loi que votera le Parlement anglais en 1624, la *Loi sur les monopoles*. L'expression « Brevets et loi sur les monopoles » est intéressante car il faut bien comprendre ceci : un brevet est un monopole. Un brevet donne le droit à son détenteur d'être l'unique producteur et vendeur d'un produit ou d'un processus qu'il a inventé. La croyance derrière ce concept est fondée sur une vieille idée, encore dominante, à savoir que si l'on n'encourage pas les individus par des profits, il n'y aura pas d'innovation.

Y. V. — *Précisons d'abord les critères qui permettent de faire une demande de brevet.*

Y. G. — L'invention doit avoir, *grosso modo,* trois caractéristiques. Tout d'abord, le produit ou le processus doit être nouveau, mais aussi non trivial. On n'accordera pas un brevet pour une invention qui va de soi et qui pourrait être faite par le premier venu, sans aucune expertise. Deuxièmement, l'invention doit avoir une certaine utilité. Enfin, on doit démontrer qu'il n'y a pas eu d'utilisation pratique de cette invention par d'autres avant le dépôt de la demande de brevet. Pour ce faire, les experts des bureaux des brevets effectuent des recherches dans la documentation scientifique et parmi les brevets déjà existants. Le Bureau des brevets évalue donc les demandes afin de décider d'octroyer ou non un brevet pour une invention donnée.

Tout cela se déroule sans trop de problèmes pendant des décennies et ce jusqu'au début des années 1980 — malgré bien sûr des poursuites et des contestations de brevets entre compagnies concurrentes. En 1980, la Cour suprême des États-Unis déclare, avec une majorité d'une seule voix, qu'il est permis de breveter une matière vivante transformée. Le cas étudié alors était celui d'une bactérie mangeuse de pétrole. Cette bactérie n'existe pas telle quelle dans la nature. Elle est issue d'une manipulation génétique, d'une fusion cellulaire en fait, ce qui en fait donc un artefact, un produit de l'homme. Les deux cellules qui avaient servi à la fusion étaient toutefois déjà existantes. Deux parties s'affrontaient : d'un côté, le Bureau des brevets maintenait qu'on ne peut breveter du vivant ; de l'autre, l'inventeur de la bactérie répliquait que cette souche particulière n'existait pas dans la nature et qu'il en était donc le véritable créateur. La situation n'a rien d'évidente : l'invention est nouvelle, utile, jamais utilisée antérieurement. Elle possède donc les trois caractéristiques nécessaires à l'obtention d'un brevet. Devant l'obstination du Bureau des brevets, l'inventeur décida de miser sur une victoire juridique et finit par gagner en Cour suprême… mais, on l'a dit, par une seule voix. La décision fut donc difficile et fragile. Mais elle allait constituer un dangereux précédent.

Nous ne pouvons décrire ici tous les cas qui ont suivi, mais nous pouvons affirmer qu'il y a eu une croissance très rapide du brevetage d'objets jusque-là exclus de la loi américaine des brevets. On peut mentionner, par exemple, la fameuse souris de Harvard, caractérisée par sa susceptibilité à certains cancers (d'où son nom de « onco-mouse »), pour laquelle un brevet a été octroyé en 1988 aux États-Unis. Or, les lois des brevets sont nationales et, au Canada, cette invention fut très controversée. Dans une décision partagée (5 contre 4) la Cour suprême du Canada a jugé en 2002 que les animaux ne sont pas inclus dans la Loi sur les brevets d'invention et qu'ils ne sont donc pas brevetables. Bien que chaque pays ait ses propres lois en matière de brevets, les pressions économiques sont fortes pour harmoniser les législations et faciliter ainsi le commerce. Toutefois, des différences persistent. En France par exemple, on est très réticent à permettre le brevetage du vivant. À l'opposé, aux États-Unis, empire d'un capitalisme débridé, on permet de breveter à peu près n'importe quoi. Depuis cette décision, certains groupes favorables aux industries demandent que la loi soit modifiée pour permettre de breveter les formes de vie supérieures. Comme les juges n'ont fait qu'appliquer la loi, il suffit de l'amender pour enfin obtenir des brevets pour des souris obèses ou diabétiques…

Y. V. — *La souris de Harvard en 1988 n'est donc qu'un exemple parmi d'autres. De nos jours on obtient des brevets pour des cellules, des plantes et des gènes.*

Y. G. — En 1995, toujours aux États-Unis, des chercheurs, soutenus par les National Institutes of Health (NIH), demandent un brevet pour une ligne de cellules humaines non modifiées d'un habitant de la Papouasie-Nouvelle-Guinée. Je dis bien *non modifiées*! Donc ce n'est pas une invention! Or, étonnamment, les chercheurs obtiennent le brevet. On dénonça internationalement la décision de cet octroi et le gouvernement de la Papouasie-Nouvelle-Guinée s'en est mêlé. La controverse fut telle que les NIH furent forcés d'abandonner leurs droits sur le brevet. Mais ils l'avaient obtenu! Ce qui nous montre que le Bureau des brevets semble maintenant incapable de faire la distinction entre une invention — au sens de combinaison nouvelle de moyens de productions — et une souche naturelle. Un autre phénomène existe depuis la fin des années 1980 et commence à prendre dangereusement de l'importance, il s'agit du bio-piratage.

Y.V. — *Le bio-piratage?*

Y. G. — Ce phénomène est étroitement lié au brevetage du vivant. Les grandes compagnies pharmaceutiques envoient leurs agents en balade dans les forêts amazoniennes ou équatoriennes. Leur mission : dénicher des insectes ou des plantes sécrétant des substances qui pourraient être utiles dans la fabrication de médicaments. Le but des compagnies est ainsi de parvenir à faire breveter les organismes producteurs de ces substances. C'est un peu comme si on disait : je trouve un animal qui produit du lait, disons une vache. Je fais breveter la vache et je suis ainsi assuré d'être le seul à faire de profits en vendant du lait. Cela peut paraître absurde, mais c'est la triste réalité car aux États-Unis les compagnies ont le droit de breveter des insectes.

Y.V. — *Ou des plantes…*

Y. G. — Effectivement, et on peut même breveter des variétés de plante. En fait, le problème n'est pas tant le brevetage d'une espèce précise de plante. Depuis 1930, le brevetage de variétés de plante est permis aux États-Unis. Le problème est que depuis les années 1930, il y a eu un glissement faisant en sorte qu'il n'est plus du tout clair maintenant si le brevet désigne une variété de plante ou la plante elle-même. Il y a depuis quelques années de nombreux débats aux États-Unis autour d'un certain nombre de brevets. Le soja en est un exemple. Certaines compagnies affirment qu'elles possèdent un brevet incluant toute possibilité de modifier génétiquement le soja, et ce, quelle que soit la méthode utilisée. Nous sommes loin du brevet spécifique. Dans ce cas, les chercheurs ont élaboré une technique de modification du soja qui utilise la fusion par canon. Toutefois, leur demande n'était non pas un brevet sur la modification génétique du soja par canon, mais bien un brevet couvrant toutes les techniques possibles. Au grand étonnement de la communauté internationale, le Bureau américain des brevets a répondu à leur demande et leur a accordé un brevet très large, bloquant totalement la possibilité d'utiliser d'autres techniques, minant ainsi le but souhaité par l'existence même des brevets, soit la stimulation de l'innovation.

Y. V. — *Et ces cas incroyables ne sont que quelques-uns de nombreux cas semblables. En conclusion, pourrait-on dire que nous nous dirigeons tout droit vers une privatisation de la connaissance, et même, du vivant ?*

Y. G. — Malheureusement, c'est déjà commencé, nous avons les deux pieds dedans. La situation actuelle est fondée sur de vieilles conclusions tirées des liens entre propriété privée, individualisme et invention. Nous faisons face aujourd'hui à une science qui est totalement collectivisée (comme on le verra au chapitre 34). Prenons le cas du génome humain pour lequel il y a eu de nombreuses tentatives de privatisation. Or, le génome humain n'est pas l'œuvre d'un Américain ou d'une compagnie privée. Le génome a été « décodé » par un groupe international. Il y a déjà des centaines de brevets accordés pour de simples séquences génétiques qui ne sont pas toujours des gènes, et il n'y a aucun doute que dans les années à venir, il y aura d'énormes controverses entourant le brevetage de séquences de gènes non modifiés par l'action humaine.

Ce qu'il faut retenir, en fait, c'est que — sans que le public ne le sache vraiment — la définition fondamentale d'une invention a été radicalement modifiée depuis 1980 de façon à permettre à l'industrie des biotechnologies de privatiser le vivant, probablement le dernier secteur qui n'était pas encore soumis à la logique du profit.

15

Les relations entre les universités
et les entreprises

Yanick Villedieu — *Les universités entretiennent des rapports de plus en plus nombreux avec des partenaires externes. Cette tendance s'inscrit dans la vogue des partenariats que l'on connaît depuis les années 1980. La sociologie des sciences s'est bien sûr intéressée à cette transformation des universités.*

Yves Gingras — Ce phénomène est important, car il correspond à une transformation majeure et récente de l'université. Créée au Moyen Âge, l'université connaît d'importantes transformations avec les débuts de la recherche au XIXe siècle. Aujourd'hui, toutefois, elle subit à nouveau de grands changements : de la tour d'ivoire académique qu'elle aurait été autrefois, l'université s'ouvre maintenant aux relations extérieures, notamment aux laboratoires gouvernementaux et aux entreprises privées.

Y. V. — *Cette tendance lourde s'observe un peu partout aux États-Unis et au Canada, ainsi que dans l'ensemble des pays occidentaux. Comment peut-on la mesurer ?*

Y. G. — Pour ce faire, jetons tout d'abord un œil sur les publications scientifiques. Celles-ci sont encore, de nos jours, surtout le fruit de la recherche universitaire. Elles constituent un très bon indicateur de tendance. Analysons d'abord les collaborations formelles au Canada entre universités et industries au cours des vingt-cinq dernières années. Durant cette période, les universitaires ont plus que doublé leur collaboration avec les entreprises. Ils ont aussi multiplié par deux leur collaboration avec les laboratoires gouvernementaux, la proportion des articles conjoints étant passée de 3 % en 1980 à 5,5 % en 2004. En comparaison, 1,4 % de toutes les publications issues des universités en 1980 était faite en collaboration avec des laboratoires industriels. En 2004, ce pourcentage avait grimpé à 3,4 %, ce qui demeure tout de même très faible.

Y. V. — *Cette tendance à la hausse des collaborations de recherche avec des partenaires non universitaires est-elle une tendance mondiale ?*

Y. G. — On observe la même chose aux États-Unis et cela reflète probablement une tendance générale pour tous les pays. Les publications conjointes des universités avec des industries sont passées aux États-Unis de 3 % en 1980 à 5 % en 1995. Malgré une stabilisation normale du taux de croissance après un certain temps, on constate sans aucun doute l'émergence d'une tendance. On note le même phénomène du côté des partenaires : lorsqu'on jette un coup d'œil à la production savante des laboratoires industriels, on découvre que le degré d'intensité des relations avec les universités a aussi doublé, de même que celui des laboratoires gouvernementaux.

Y. V. — *L'augmentation de la collaboration se fait donc de part et d'autre. Ce type de collaboration a donc réellement pris de l'expansion depuis les années 1980. Est-ce que ça change la façon de travailler des universitaires ?*

Y. G. — La nature de la recherche universitaire s'en trouve modifiée. Cette transformation étant en cours, elle suscite nécessairement la critique. On questionne fréquemment, entre autres, la nature de cette transformation du travail universitaire. Depuis le XIXe siècle, on a tendance à associer l'université à la recherche fondamentale. Dans un contexte où il y a accroissement des relations avec des partenaires externes, ceux qui s'inquiètent des transformations de la recherche universitaire craignent de la voir glisser de plus en plus vers la recherche appliquée.

Il est bon de demeurer vigilant face à ces changements, mais ces discours correspondent-ils à la réalité ? Les sociologues ont tenté de cerner le phénomène et ont effectué des mesures permettant d'obtenir des indices, des indicateurs de tendances. Les résultats montrent qu'effectivement, la recherche universitaire effectuée en partenariat avec des laboratoires industriels ou gouvernementaux est de nature plus appliquée, ce qui, somme toute, est logique.

Y.V. — *En effet, on pouvait s'y attendre. J'oserais dire que ça ne prend pas un doctorat en sociologie des sciences pour arriver à cette conclusion !*

Y. G. — Il peut sembler simple de faire une telle prédiction, mais aussi longtemps qu'on ne dispose pas de preuves empiriques, on se doit d'avoir des doutes. La réalité peut nous réserver des surprises. Justement, dans ce cas-ci, on en a une. Cette surprise concerne une autre critique soulevée, selon laquelle le fruit de ces recherches appliquées aurait un impact scientifique plus faible. En d'autres termes, ces recherches seraient publiées moins fréquemment dans des revues reconnues. Or, c'est faux. Nous avons comparé un échantillon d'articles canadiens purement universitaires avec un échantillon d'articles canadiens produits en collaboration avec l'industrie. Les résultats de cette recherche ont démontré que l'impact scientifique moyen de la recherche faite en collaboration est semblable à celui d'articles exclusivement universitaires et que ces articles sont d'aussi bonne qualité. Une étude semblable a également été menée aux États-Unis, apportant de semblables résultats.

Y.V. — *Cette recherche américaine va donc dans le même sens.*

Y. G. — À une différence près, et c'est ce qui la rend intéressante. Aux États-Unis, étonnamment, l'impact scientifique des articles issus de collaboration université-industrie est plus élevé que celui des articles purement universitaires. Ce constat soulève des questions intéressantes, difficiles à élucider. Certains auteurs suggèrent que cette réalité pourrait s'expliquer par le fait qu'il n'existe pas de pression à la publication dans le milieu industriel. Si une industrie fait une publication en collaboration avec un chercheur universitaire, elle publiera moins, mais attendra d'avoir trouvé quelque chose de vraiment important.

Y.V. — *Ces collaborations donnent alors lieu à de très bonnes publications.*

Y. G. — Alors qu'à l'université, la loi du *publish or perish* incite peut-être les chercheurs à multiplier les articles en découpant leur contenu en petites unités, publiant ainsi plus fréquemment dans des revues diverses et de qualité variable. Ils ne peuvent se permettre d'attendre cinq ans le bon coup qui mériterait publication, risquant ainsi de dire adieu aux promotions...

Y.V. — *Nous avons donc une bonne photographie de la réalité liée à ce changement. Essayons peut-être maintenant de réfléchir aux conséquences de cette transformation du milieu de la recherche. D'abord, la recherche est plus appliquée lorsqu'elle est faite en collaboration avec l'industrie. Vous nous dites également que cette recherche est d'aussi bonne qualité, parfois même meilleure selon certains indices. D'un autre côté, les critiques jugent que cette recherche est moins libre, sujette aux conflits d'intérêts. Cette relation entre le professeur-chercheur d'université et l'industrie fait-elle en sorte que le chercheur d'université n'a peut-être plus les mains aussi libres qu'avant ?*

Y. G. — Cette réalité ne fait aucun doute, car il s'agit d'un rapport contractuel. Qui dit rapport contractuel dit limitation de la liberté. À l'opposé, dans le contexte d'une recherche subventionnée par les organismes gouvernementaux chargés d'appuyer la recherche universitaire, il devrait s'agir, par définition, d'une recherche libre. C'est une des fonctions du gouvernement de subventionner la recherche fondamentale, donc libre et non dirigée de l'extérieur en fonction d'un objectif à court terme. Il est important de mentionner cependant que cet effet est très différencié selon les disciplines. Du côté des mathématiques par exemple, les collaborations des universités avec les industries et avec les laboratoires gouvernementaux sont très peu nombreuses. En médecine clinique par contre, un tiers des articles sont écrits avec des collaborateurs externes à l'université. Il en va de même dans le domaine de la biologie et du biomédical.

Y. V. — *Ces champs ne constituent-ils pas des domaines où il y a risque de conflit d'intérêts ? Le professeur qui fait une recherche conduisant à un brevet ou à la fabrication d'un médicament se trouve finalement à porter l'étiquette d'entrepreneur…*

Y. G. — Ce sujet fait fréquemment les manchettes. On a souvent vu des compagnies pharmaceutiques qui octroient un contrat à un chercheur universitaire et, voyant que l'étude démontre que leur fameux médicament miracle engendre des effets pervers dangereux, font tout pour tenter de supprimer la publication scientifique. Ce genre de choses se produit surtout dans le domaine biomédical, domaine où le transfert d'application entre la science prétendument pure et la science appliquée est très rapide, parfois de l'ordre de deux ou trois ans. En revanche, un domaine comme la physique a un délai de transfert en général beaucoup plus long.

Y. V. — *Dans le domaine biomédical, ce transfert est également susceptible de rapporter beaucoup de beaux dollars, comme on dit.*

Y. G. — Oui, ce qui explique que plusieurs sont passés du statut de professeur-chercheur à celui de professeur-entrepreneur.

Y. V. — *Les professeurs font plus de recherche appliquée, d'aussi bonne qualité. Ce changement ne ferait-il pas en sorte cependant qu'on perde l'innocence de chercheur ?*

Y. G. — L'innocence des chercheurs s'est construite dans le contexte des fameuses Trente Glorieuses, de 1945 à 1975. Le régime économique qui prévalait alors était pour le moins exceptionnel. Aujourd'hui cependant, nous vivons dans une réalité plus complexe où le chercheur se doit d'avoir des relations avec les mondes externes, les laboratoires gouvernementaux et industriels. Ce qu'il faut éviter à tout prix, c'est que la montée des fonds privés soit compensée par une baisse des fonds gouvernementaux. Les gouvernements doivent continuer à investir dans la recherche fondamentale, pendant que le privé compense par des travaux plus appliqués, nécessaires au développement de la société. Il y a un équilibre à trouver et à maintenir.

16

La commercialisation de la recherche

Yanick Villedieu — *On vient de parler des relations de plus en plus étroites entre les universités et les industries. Or qui dit industrie dit commercialisation. On serait donc à l'heure de la commercialisation de la recherche. Un bon indice de ce nouvel intérêt est le rapport publié en 1999 par un Groupe d'experts sur la commercialisation de la recherche universitaire, mandaté par le Conseil consultatif de la science et de la technologie (CCST), lequel était à l'époque directement rattaché au bureau du premier ministre fédéral.*

Yves Gingras — Oui, ce rapport, le rapport Fortier, du nom du président du comité, Pierre Fortier, s'inscrit alors dans un contexte où les universités ont des relations de plus en plus étroites avec le monde économique, ce qui soulève bien sûr des questions de propriété intellectuelle. Une grande partie de la recherche universitaire est subventionnée par des organismes fédéraux : le Conseil de recherches en sciences humaines du Canada (CRSH), les Instituts de recherche en santé du Canada (IRSC) et le Conseil de recherches en sciences naturelles et en génie du Canada (CRSNG).

Y.V. — *La question est donc : qui détient la propriété intellectuelle des découvertes effectuées grâce à des fonds fédéraux ?*

Y. G. — Aux États-Unis, où l'on a fait face au même problème, le cas a été réglé en 1980 par une loi du gouvernement fédéral stipulant que la propriété intellectuelle des recherches financées à même les fonds fédéraux américains appartient aux universités. Près de vingt années plus tard, le rapport Fortier suggère de faire de même : les universités devraient être titulaires de la propriété intellectuelle de la recherche qui s'effectue en leur sein et avoir la possibilité, à partir de ce moment, de négocier une répartition des revenus, si revenus il y a bien entendu, entre les découvreurs, les chercheurs et les autres participants.

Y.V. — *Vous parlez de revenus. Ces découvertes rapportent-elles des sommes d'argent importantes ?*

Y. G. — Proportionnellement aux budgets globaux des universités, il s'agit d'une part infime. Malgré les grands discours, cette part ne dépassera probablement jamais 1 % du budget total d'une université. Aux États-Unis, en 1999 par exemple, environ 1,7 milliard de dollars proviennent de licences de brevets, donc de la commercialisation de résultats de recherches.

Y.V. — *C'est beaucoup d'argent ?*

Y. G. — En apparence oui, mais on ne doit pas perdre de vue le fait que le territoire américain est immense et populeux et qu'il y a un grand nombre d'universités. Si on fait la moyenne on obtient seulement 2,6 millions par université. En comparaison, au Canada, pour la même année, on a un revenu total de 44,8 millions, soit 640 000 $ par université. Quatre fois moins que la moyenne américaine.

Y.V. — *C'est beaucoup moins, effectivement.*

Y. G. — Il faut toutefois s'assurer de comparer des pommes avec des pommes et des oranges avec des oranges. Il existe aux États-Unis ce qu'on appelle la *Ivy League*, les vieilles universités de grande tradition. Parmi celles-ci, on retrouve Harvard, Yale,

Cornell, le Massachusetts Institute of Technology (MIT), pour ne nommer que les plus connues. Ces universités représentent souvent à elles seules la moitié de l'ensemble des activités en recherche et développement sur le territoire américain. Bien que nous ayons de grandes universités au Canada, elles ne se comparent en rien à ces institutions américaines. Pour vraiment comparer de façon réaliste les revenus résultant de la commercialisation de la recherche, il faut constituer un échantillon d'universités semblables. Ce faisant, on découvre que les revenus sont finalement équivalents de part et d'autre, et qu'ils représentent environ 1 % de l'investissement en recherche et développement.

Y. V. — *La situation est donc comparable au Canada et aux États-Unis pour le même genre d'universités. Mais ne pourrait-on pas tendre à se rapprocher des résultats qu'obtiennent les membres de la très sélecte Ivy League ?*

Y. G. — La question est complexe, mais une chose est certaine : pour commercialiser des résultats, il faut d'abord faire de la recherche et il est impossible de prévoir d'où émergera la découverte la plus rentable. Même les bureaux universitaires dédiés à la commercialisation ne peuvent faire de miracles. La seule façon de permettre aux tiroirs à brevets de se remplir de nouveau est d'augmenter l'investissement en recherche et développement. Le fait que les grandes universités produisent plus de brevets est d'ailleurs davantage lié à la quantité d'argent injecté dans les projets de recherche qu'à la présence en leurs murs de brillants chercheurs.

Y. V. — *On parle ici d'argent investi en recherche fondamentale.*

Y. G. — Bien sûr. Un autre aspect favorisant les grandes universités est le fait que leurs chercheurs travaillent avec des instruments qui sont à la fine pointe de la technologie. La recherche étant aujourd'hui très instrumentée, celui qui possède les meilleurs instruments détient une longueur d'avance sur ses concurrents. En bref, si on veut obtenir de meilleurs résultats en ce qui concerne la commercialisation, la seule option véritable est d'augmenter l'investissement dans la recherche fondamentale.

Y. V. — *La commercialisation des résultats de la recherche suppose d'ailleurs que l'importante question de la propriété intellectuelle soit résolue.*

Y. G. — Or, un aspect souvent oublié est le fait qu'une part très importante de la recherche, dans le monde et encore plus au Canada, se fait en collaboration internationale. On reviendra sur ce point au chapitre 35, mais notons ici qu'au moins le tiers de l'ensemble des publications scientifiques canadiennes comporte un auteur étranger, soit environ le double de la proportion américaine. La probabilité qu'une découverte ait été faite en collaboration avec des partenaires étrangers est donc assez élevée. La propriété intellectuelle se trouve donc partagée non seulement entre les auteurs d'universités canadiennes, mais également avec des institutions étrangères, et surtout américaines. Cet aspect rend le problème de la propriété intellectuelle encore plus difficile à gérer.

Y. V. — *Un autre problème soulevé par cette commercialisation de la science concerne l'idée de privatisation du savoir. En demandant un brevet pour une découverte, on privatise ainsi la découverte elle-même.*

Y. G. — Cela constitue, à mes yeux, le problème le plus important. La pression à la commercialisation entraîne le bris de règles fondamentales à la base de la dynamique de la communauté scientifique. Prenons l'exemple d'un chercheur travaillant sur des cellules qu'il a mises au point et qui, sur la base de ses recherches, publie dans *Nature*. Par le fait même, il s'engage à fournir des échantillons de ces cellules à d'autres chercheurs, provenant de diverses universités et qui seraient intéressés à reproduire l'expérience afin d'en faire la vérification ou encore dans le but d'en développer d'autres aspects. Ce type d'échange a toujours eu cours, les échantillons circulant de laboratoire en laboratoire, habituellement sans trop d'entraves. Un exemple bien connu résultant de cette dynamique d'échange est la découverte du virus du sida (VIH) par Montagnier en 1983. Un chercheur américain, Robert Gallo, avait alors fait une demande d'échantillons et il a ensuite prétendu que c'est à partir de ces derniers qu'il aurait fait la découverte indépendante du même virus.

Y.V. — *Mais Gallo a finalement admis l'erreur en l'attribuant à un mauvais étiquetage des échantillons.*

Y. G. — En effet. Mais on n'a pas beaucoup insisté à l'époque sur le fait que Montagnier avait fourni gracieusement les échantillons. Cette pratique a longtemps été courante dans la communauté scientifique. Récemment toutefois, les choses semblent avoir commencé à changer. Une compagnie américaine, la *Lexicon Genetics,* a publié un article assez important dans *Nature.* Par la suite, certains chercheurs se sont montrés intéressés à obtenir des échantillons afin de reproduire et de développer les résultats de cette recherche. *Lexicon Genetics* a exigé 5 000 $ en échange d'échantillons. Immédiatement, les scientifiques se sont insurgés : cette pratique est contraire aux normes de la communauté scientifique. *Nature* est alors intervenu et a décidé de mener sa propre enquête. S'il s'avérait que *Lexicon Genetics* a exigé de l'argent en échange des échantillons, la compagnie serait dorénavant interdite de publication dans *Nature.* Pour la revue en effet, le fait de publier implique l'obligation de rendre des échantillons accessibles aux chercheurs.

Y.V. — *Il s'agit donc d'un exemple de privatisation des connaissances. En rendant plus difficile l'accès aux données, on freine ainsi le développement des connaissances. La publication est étroitement corrélée à la possibilité d'avancer plus rapidement, car elle rend publics les progrès effectués par les chercheurs.*

Y. G. — Ce sont les règles fondamentales du jeu. Si Einstein avait gardé pour lui sa théorie de la relativité, Planck n'aurait pu y travailler, ni aucun autre chercheur. Comment ainsi prouver qu'une théorie est vraie ? On peut se rappeler le cas de la fusion froide dont on a déjà parlé. Les chercheurs avaient alors voulu garder secrète leur « découverte », le temps d'obtenir un brevet, ce qui avait retardé la démonstration qu'au fond, il n'y avait pas vraiment découverte. En privatisant les connaissances, on empêche par le fait même leur circulation, diminuant ainsi la possibilité de tester leur validité tout en faisant obstacle de façon importante au progrès de la science.

17

L'origine des conflits d'intérêts en science

Yanick Villedieu — *On a parlé de commercialisation et de brevet et on a tourné autour d'une question importante qu'il faut maintenant aborder de front : celle des conflits d'intérêts en science. D'abord, quelle serait votre définition d'un conflit d'intérêts ?*

Yves Gingras — Plusieurs définitions existent. Celle que je préfère pourra sembler surprenante et pour le moins dialectique. Il y a conflit d'intérêts lorsqu'il y a des intérêts en conflit. Tautologie, direz-vous… Cette définition nous met pourtant sur une piste intéressante : s'il y a des intérêts en conflit, c'est qu'il y a présence de groupes distincts qui s'observent, se surveillent mutuellement et qui ont avantage à dénoncer certaines choses.

Penser le conflit d'intérêts sous cet angle et en ces termes nous amène à constater que l'approche habituelle du conflit d'intérêts, même dans la documentation savante, est anhistorique, c'est-à-dire qu'elle ne tient pas compte du contexte historique qui rend possible (ou impossible) la perception d'un conflit d'intérêts. En effet, la plupart des travaux sur le sujet présentent le conflit d'intérêts comme s'il s'agissait d'une notion universelle et intemporelle applicable à n'importe quel moment dans le temps, que ce soit en parlant des Babyloniens, des Grecs ou des chercheurs contemporains. Or, du point de vue du sociologue-historien, il y a nécessairement une *historicité* de la perception des conflits d'intérêts par les acteurs.

Y.V. — *Donnez-nous quelques exemples.*

Y. G. — Jetons un coup d'œil à l'histoire du Conseil national de recherches du Canada, le CNRC. Lors de sa création en 1916, un des objectifs de l'institution était de parvenir à coordonner les relations entre l'industrie et les universités. Pour ce faire, il était important de nommer à ce grand conseil des gens reconnus, aptes à gérer ce type de problèmes.

Y.V. — *Des gens qui avaient une crédibilité scientifique…*

Y. G. — Exactement. D'emblée, on savait vers qui se tourner. Il faut bien comprendre qu'en 1916, au Canada, il y a environ une cinquantaine de scientifiques possédant un doctorat. C'est donc parmi ceux-ci qu'une douzaine de scientifiques sont choisis pour gérer le CNRC. On y trouve, bien entendu, les professeurs les plus renommés du Canada, qui sont affiliés aux universités les plus développées, soit celles de Toronto et de McGill. Donc, on retrouve dans ce conseil des gens issus des deux grandes universités de l'époque. Si on faisait une lecture anachronique de l'histoire du CNRC, on crierait sans doute au scandale. Pourquoi ? Le Conseil est créé en 1916. Comme il est majoritairement constitué d'universitaires, on donne la priorité à la création de bourses pour les universitaires, ainsi qu'à des subventions de recherche, pour les universitaires également. Ces concours nécessitent la mise en place de comités d'évaluation des demandes. Dans ces comités, il faut évidemment des gens reconnus. Et qui sont ces gens ? Probablement ceux-là mêmes qu'on retrouve au CNRC… Et qui reçoit les bourses ? En gros, leurs propres étudiants…

Y.V. — *Ils octroient donc ces bourses à leurs propres étudiants ou subventionnent leurs propres projets de recherche en plus de ceux de leurs collègues…*

Y. G. — C'est ainsi qu'on le percevrait aujourd'hui, sans aucun doute. Toutefois, dans l'idéologie du champ scientifique, on parle de « méritocratie ». En d'autres mots : les ressources sont allouées au mérite. Cette façon de faire n'avait donc pour eux rien de surprenant puisqu'elle était fondée sur le principe qu'on ne devrait donner des bourses et des subventions de recherche qu'aux meilleurs, lesquels sont bien sûr membres de comités car ils sont justement les meilleurs et les mieux placés pour reconnaître les meilleurs ! Il y avait donc une réelle concentration des ressources. Qui va dénoncer cette situation ? Personne. Enfin, jusqu'au moment où une petite université se sent soudain exclue du jeu. Je pense ici à l'Université Queen's, en Ontario, qui, apprenant qu'elle n'a aucun membre dans le comité se plaint au gouvernement qui, rapidement, lui fait une place. La critique des intérêts en jeu s'estompe dès que les mécontents sont inclus.

De 1916 à 1939, le système de la recherche est principalement géré par trois institutions : le Conseil national de recherche du Canada, l'Association nationale des universités canadiennes et la Société royale du Canada. On a donc l'impression d'avoir affaire à trois institutions distinctes. Cependant, si l'on gratte un peu on découvre que ce sont les mêmes personnages qui sont en poste au sein de ces trois organisations.

En 1929, par exemple, le CNRC souhaite créer une revue savante, La *Canadian Journal of Research* (titre qui demeurera unilingue jusqu'en 1973). Le Conseil demande donc l'accord de la Société royale du Canada, ainsi qu'une subvention. La Société royale du Canada donne son accord.

Y.V. — *Et les personnes élues à la Société royale se retrouvent également au CNRC ?*

Y.G. — À peu de chose près. Et l'Association nationale des universités n'est pas en reste, car qui en est le porte-parole des études avancées ? Un membre du CNRC, bien sûr. À nos yeux, cette situation est pour le moins incestueuse… Cependant, les gens de l'époque ont une autre vision des choses. Ces scientifiques travaillent pour construire le système canadien, ils travaillent pour le bien public et ne s'estiment pas en conflit d'intérêts. Ils ne travaillent pas pour leur bien personnel mais pour celui de la nation.

On peut donc voir, à l'aide de ce petit exemple, que pour parler de conflit d'intérêts, on doit avoir des gens qui ont *intérêt* à dénoncer le conflit. D'un point de vue sociologique, il y a donc des conditions sociales pour que puisse émerger un conflit d'intérêts.

Y. V. — *J'imagine que tout au long du siècle, d'autres exemples vont en ce sens...*

Y. G. — Un autre exemple pour vous montrer que celui du CNRC n'est pas un cas singulier. Il s'agit cette fois du laboratoire Connaught de l'Université de Toronto. Ce laboratoire, créé en 1919, produit des vaccins et de l'insuline qu'il vend sur le marché et qui lui procurent ainsi des revenus réinvestis dans la recherche. Jusqu'au début des années 1960, le laboratoire mène ces activités sans problème. Personne n'a apparemment pensé sérieusement à dénoncer cette situation au nom d'un « conflit d'intérêts » entre l'université et l'intérêt public ou même privé (celui des compagnies pharmaceutiques, par exemple). Toutefois, les choses commencent à changer lorsque, au milieu des années 1960, l'industrie pharmaceutique canadienne prend de l'importance. Soudainement, à l'Université de Toronto, on s'interroge sur le bien-fondé de l'activité commerciale du laboratoire Connaught. Le président déclare publiquement sa difficulté à justifier le fait que l'Université de Toronto gère une entreprise telle que ce laboratoire. Ce dernier est alors vendu à des intérêts privés.

En d'autres mots, le président se réveille soudain. Et pourquoi se réveille-t-il ainsi ? Parce que maintenant, il existe une industrie puissante et que celle-ci a un intérêt qui est en conflit potentiel avec celui de l'université : un marché existe pour la production et la vente de vaccins, mais ce n'est pas à une université d'occuper cette niche. De plus, la remise en cause des activités de vente de vaccins survient à peu près au moment où l'Université de Toronto prépare une grande collecte de fonds auprès des industries et souhaite donc régler cette situation le plus rapidement possible. Le président se voit mal en train de demander de l'argent à des industries alors que celles-ci critiquent le fait que l'université produise des vaccins. Il y a conflit d'intérêts.

Y. V. — *On a vécu une situation semblable avec l'Institut de microbiologie et d'hygiène (qui deviendra plus tard l'institut Armand-Frappier), qui relevait de l'Université de Montréal et qui, lui aussi, fabriquait, produisait et vendait des vaccins.*

Y. G. — Les mêmes causes produisant les mêmes effets, l'histoire est en fait comparable. Dans le cas de l'Institut de microbiologie et d'hygiène, de 1939 au début des années 1960, la situation est la même qu'à Toronto : c'est pour le bien public qu'on produit des vaccins, et personne ne remet cela en cause. Au début des années 1960 est nommé à l'Université de Montréal le premier recteur laïc, Roger Gaudry. Ce dernier arrive directement de l'entreprise pharmaceutique Ayers. Il n'est donc pas surprenant que le conseil d'administration, à cette époque, commence à voir d'un autre œil la relation entre l'Université et les laboratoires de l'Institut. On fera alors écho à Toronto en soulevant la difficulté de justifier le statut des chercheurs fondamentaux et celui de producteurs mettant en marché des produits pharmaceutiques qui pourraient être faits et vendus par l'industrie privée[1].

Y. V. — *De nos jours, on parle beaucoup de conflits d'intérêts à l'heure où les universités déposent des brevets, où il y a multiplication des firmes, en biotechnologie par exemple.*

---

1. Pour plus de détails, voir P. Malissard, « Les start-up de jadis : la production de vaccins au Canada », *Sociologie et sociétés,* vol. 32, n° 1, 1994, p. 93-106.

Y. G. — Autre temps autres mœurs, dit l'adage ! Aujourd'hui, loin de se départir de leurs intérêts dans des laboratoires profitables comme Connaught ou Armand-Frappier, les universités se vantent de « commercialiser » leurs recherches. Ce n'est pas la commercialisation comme telle qui est nouvelle, mais la façon de la faire.

Cela étant dit, il est vrai que, depuis environ le début des années 1980, il y a une augmentation importante des conflits d'intérêts en science, surtout dans les secteurs les plus susceptibles de rapporter gros, comme le biomédical. Les compagnies étant souvent cotées en Bourse, la simple annonce d'un résultat négatif (ou même mitigé) peut faire fondre leur valeur boursière en quelques heures et entraîner leur faillite. Quel chercheur aurait le courage aujourd'hui de publier des résultats mettant en cause les produits miracle des grandes compagnies ? Le risque de poursuites légales est bien réel. À l'inverse, il est bien montré que l'annonce de résultats cliniques positifs par des chercheurs subventionnés par des compagnies est plus probable que par des chercheurs vraiment indépendants dont les recherches sont financées par des fonds publics. En somme, la science étant devenue un enjeu économique important, il faut rester vigilant face à l'annonce de résultats « scientifiques » provenant de ceux qui tirent profit des effets de cette annonce.

QUATRIÈME PARTIE

Sciences et culture

18

Les sciences font-elles partie
de la culture ?

Yanick Villedieu — *Depuis plusieurs années, des Journées de la culture sont organisées un peu partout au Québec. Or, spontanément, on n'associe pas les sciences à ces Journées de la culture. On parle pourtant beaucoup de l'importance de la « culture scientifique », mais en apposant au mot « culture » le qualificatif « scientifique », est-ce que l'on n'insinue pas, par le fait même, qu'elle se différencie d'une autre culture, la culture littéraire, que certains appellent même la culture tout court. Y a-t-il réellement deux cultures ?*

Yves Gingras — Cela rappelle à l'historien des sciences de vieux débats sur l'idée des deux cultures. À la fin des années 1950, en 1959 pour être précis, le physicien et romancier Charles P. Snow écrit un livre qui deviendra vite un classique : *Les Deux Cultures et la révolution scientifique.* L'idée centrale de cet ouvrage controversé est que la révolution scientifique ne se serait pas produite au XVIIᵉ siècle, comme on le conçoit habituellement, mais plutôt après la Seconde Guerre mondiale, avec la transformation de la société qui s'ensuivit.

Snow avait d'abord publié, en 1956, un petit texte d'une page et demie intitulé *Les Deux Cultures.* L'idée qu'il existe un fossé entre culture scientifique et culture littéraire sera développée dans le livre qu'il publiera trois ans plus tard. Snow y affirme que la culture scientifique est en opposition avec la culture littéraire, thèse qui provoque aussitôt de nombreux débats dans le monde intellectuel britannique.

Y.V. — *Mais cette question des deux cultures est plus ancienne et on la retrouve déjà au Québec à l'époque de Marie-Victorin…*

Y. G. — Au Québec, mon héros, le frère Marie-Victorin, écrit en 1917 un texte très important dans lequel il dénonce le manque de culture scientifique de nos écrivains. Sans utiliser l'expression que Snow rendra célèbre, son analyse est tout à fait comparable. Ainsi, il critique le grand poète canadien Louis Fréchette qui se plaît à faire rimer savane avec platane. Marie-Victorin s'interroge : où sont les érables, les peupliers, les bouleaux, les pins et les épinettes dans les écrits canadiens-français ? Les platanes sont parisiens, pas canadiens ! Nos intellectuels d'alors se rendent fréquemment à Paris, où ils se baladent davantage que dans nos forêts boréales. Bref, si nos auteurs se targuent d'être cultivés, leur culture n'est pas scientifique. Dans un autre texte paru en 1926, Marie-Victorin admet cependant qu'une culture de l'esprit exclusivement scientifique, tout comme une culture exclusivement littéraire, ne pourrait décemment s'appeler une culture générale.

On le voit, cette question, toujours associée au livre de C. P. Snow, fait déjà l'objet de discussions au Québec dès le début des années 1920. Il faut d'ailleurs rendre hommage, en passant, aux frères des Écoles chrétiennes qui ont fait la promotion d'une culture générale ouverte aux sciences. En 1921, par exemple, ils publient un livre à l'intention des écoliers de l'école primaire dans lequel on trouve en alternance des textes de littérature classique et des textes scientifiques.

Y.V. — *Les frères des Écoles chrétiennes étaient à l'avant-garde à ce point de vue ?*

Y.G. — Je crois que oui. Et Marie-Victorin n'est pas un cas isolé. Le frère Robert, issu de la même congrégation, et qui a obtenu un doctorat en astronomie de l'Université de Lille en 1939 en défendant une thèse sur le Soleil comme étoile variable, publie en 1950 deux tomes intitulés *Les Astres et les Lettres*. Cet ouvrage extraordinaire dont on oublie souvent l'existence nous instruit sur la façon dont les écrivains ont perçu et décrit le ciel. On y retrouve, entre autres, des citations de Flaubert, de Baudelaire, de Balzac, de Chateaubriand, de Lamartine et d'Alfred de Musset. Il s'agit d'un véritable traité d'astronomie, vulgarisé à travers la littérature. On constate qu'il existait au Québec des pédagogues qui faisaient des efforts pour allier culture scientifique et culture littéraire.

Y. V. — *C'est étonnant. Le frère Marie-Victorin s'est d'ailleurs battu contre l'orientation strictement littéraire des collèges classiques, omnipotents à l'époque.*

Y. G. — Le frère Marie-Victorin, les frères des Écoles chrétiennes et les frères maristes ont tenté de compenser cette inculture scientifique dans les collèges et les écoles primaires. Au Québec, ce manque de culture scientifique était flagrant au début des années 1920.

Y. V. — *Faisons maintenant un grand bond dans le siècle. Qu'en est-il aujourd'hui dans notre société québécoise ? Existe-t-il toujours un pont entre culture scientifique et culture littéraire ?*

Y. G. — Malheureusement non, ce lien s'est perdu, il me semble. J'irais même plus loin en affirmant qu'une véritable dichotomie s'est installée, mettant d'un côté la culture avec un grand C et de l'autre la science avec un petit s. Nous avons d'une part, au Québec, un ministère de la Culture. Mais qu'appelle-t-on culture ? Les arts visuels, la danse, la littérature, la musique… D'autre part nous avons un ministère du Développement économique, de l'Innovation et de l'Exportation qui inclut en fait la recherche scientifique et qui finance des organismes voués à la promotion de la culture scientifique. Or, la politique de la culture scientifique se trouve bal-

lottée entre ces deux ministères, signe qu'elle ne cadre pas spontanément dans la définition dominante de la « culture ». Elle reste
un peu à part et les experts du ministère de la Culture ne s'y sont
jamais vraiment intéressés. D'ailleurs cette responsabilité se trouvait auparavant sous l'égide du ministère de la Recherche, de la
Science et de la Technologie qui souhaitait notamment propager
l'intérêt pour la science, encourager des carrières scientifiques,
bref, promouvoir une culture scientifique. Elle fut ensuite transfé-
rée au ministère de la Culture…

Y. V. — *Mais de prime abord, n'est-ce pas une bonne chose que la
culture scientifique soit sous la houlette du ministère de la Culture
avec un grand C ?*

Y. G. — Cette décision de transférer les programmes de culture
scientifique au ministère de la Culture avait d'abord provoqué
un vent d'optimisme : on allait enfin tenter d'aborder la culture au
sens large, en y incluant à la fois la culture scientifique et la culture
littéraire. Mais il faut le reconnaître aujourd'hui, ce fut un échec.
Le ministère de la Culture a continué, à mon avis, à ne s'occuper
que de la culture avec un grand C et a été à peu près incapable de
développer une politique de la culture scientifique, ce qui aurait
dû être sa tâche.

Y. V. — *On peut d'ailleurs le constater lorsqu'on jette un coup d'œil à
la programmation de ces Journées de la culture : les activités sont de
nature exclusivement artistique, littéraire, et non scientifique.*

Y. G. — Le sens dominant du mot culture est effectivement artistique, ce qui n'est pas mauvais en soi. Le but ici n'est pas de déni-
grer la culture littéraire ou artistique, mais bien de promouvoir le
fait que, dans notre monde technoscientifique, il est primordial
d'avoir une forte culture scientifique. Les débats de société portent
désormais sur des objets comme les OGM, l'énergie nucléaire, la
génétique et les nanotechnologies. Il est impossible de participer

lucidement à ces débats sans un minimum de connaissance sur la nature exacte de ces phénomènes. Or, il existe actuellement une inculture scientifique qui est socialement dangereuse et qui peut favoriser l'écoute des gourous qui, par exemple, mettent de l'avant des visions extravagantes sur les effets des nanotechnologies.

Y. V. — *En conclusion, Yves Gingras, vous nous offrez une citation d'une autre de vos idoles, le philosophe Gaston Bachelard.*

Y. G. — Bachelard fut un grand promoteur de la culture scientifique. Il a écrit cette phrase extraordinaire : « […] la culture scientifique nous demande de vivre un effort de la pensée. » Peut-être est-ce cet effort qui manque aujourd'hui pour promouvoir une véritable culture scientifique.

19

Quand une pièce de théâtre fait ouvrir les archives

Yanick Villedieu — *Quand on parle de culture, on pense souvent au théâtre, et il est relativement rare qu'une pièce dont le sujet traite de physique soit un succès populaire. Or, ce fut le cas pour la pièce,* Copenhagen, *écrite par Michael Frayn.*

Yves Gingras — Cette pièce est digne d'une attention particulière puisqu'elle traite non seulement de science, mais bien d'histoire des sciences, ce qui est assez rare comme thème de théâtre. *Copenhagen* a été créée en 1998 à Londres et a immédiatement connu un énorme succès. Elle a été jouée pendant près de deux années. Son succès s'est ensuite propagé dans d'autres pays, et la pièce de Frayn a été montée en 1999 en France, en 2000 aux États-Unis et en 2003 ici, à Montréal.

Y. V. — Copenhagen *raconte une page importante de l'histoire des sciences et relate un événement réel ayant eu lieu à Copenhague en septembre 1941. Que s'est-il donc passé lors de cette fameuse journée ?*

Y. G. — L'événement auquel la pièce fait référence est une rencontre, en septembre 1941, entre deux des plus grands physiciens du XXe siècle : Niels Bohr, danois et l'un des fondateurs de la physique quantique, et Werner Heisenberg, un Allemand. Bohr avait obtenu le prix Nobel de physique en 1922 pour ce qu'on appelle d'ailleurs l'« atome de Bohr ». Heisenberg, quant à lui, a été, en quelque sorte, un de ses étudiants au niveau postdoctoral. En effet, bien qu'il n'ait pas fait son doctorat sous sa direction — il travailla plutôt sous la direction d'Arnold Sommerfeld (1868-1951) à Munich —, Heisenberg a fait un séjour de près de deux années (en 1924 et 1925) à l'Institut de physique dirigé par Niels Bohr à Copenhague, plaque tournante de la physique quantique entre 1915 et 1939. C'est ainsi qu'ils ont fait connaissance. De leurs discussions naîtra au milieu des années 1920 ce qui deviendra la mécanique quantique. Erwin Schrödinger (1887-1961) et Paul Dirac (1902-1984), co-lauréats du prix Nobel de physique en 1933, un an après Heisenberg qui l'obtint en 1932, ont également participé à ces discussions et contribué à la naissance de la mécanique quantique.

Y.V. — *L'invention de la mécanique quantique dans les années 1920 constitue d'ailleurs un point tournant de l'histoire des sciences. Vous dites que Heisenberg et Bohr, deux géants de la physique, se rencontrent en d'obscures circonstances à l'automne de 1941.*

Y. G. — Il faut dire que la conjoncture politique internationale a changé considérablement depuis leur première rencontre à l'Institut. En 1941, la Seconde Guerre mondiale secoue l'Europe. L'Allemagne est sous la férule d'Hitler. Rappelons qu'après sa prise du pouvoir en 1933, la plupart des grands physiciens allemands, dont un grand nombre sont juifs, ont quitté le pays. Einstein est de ceux-là, et de nombreux autres scientifiques quitteront l'Allemagne pour l'Angleterre et les États-Unis. Heisenberg, nationaliste allemand de la haute bourgeoisie, décida pour sa part de demeurer en Allemagne (tout comme le fera Max Planck), et de continuer à travailler au sein du gouvernement allemand. En 1941, Heisenberg est à la tête du programme nucléaire allemand.

Y. V. — *En d'autres mots, du programme de la bombe atomique nazie.*

Y. G. — De ce qui pourrait alors aboutir à une bombe atomique, oui. Mais Heisenberg travaille alors surtout sur un réacteur nucléaire dont la mise au point constitue une étape préalable à la conception de la bombe.

Y. V. — *Et pour quelle raison Heisenberg se rendra-t-il chez Bohr à Copenhague, en septembre 1941 ? Qu'avaient-ils donc à se dire ?*

Y. G. — C'est le nœud de la question et le centre de la pièce de théâtre de Frayn : de quoi Bohr et Heisenberg ont-ils discuté au cours de cette fameuse rencontre ?

Y. V. — *En sait-on quelque chose ?*

Y. G. — Tout ce qu'on sait, c'est que Bohr est demeuré très en colère après cette rencontre. Il s'agissait d'un dîner chez Bohr, avec la femme de ce dernier, Margrethe. Le couple Bohr et Heisenberg constituent d'ailleurs les trois seuls personnages de la pièce.

Y. V. — *La pièce de théâtre de Frayn tente donc de reconstituer ce qui a pu se tramer durant cette fameuse rencontre.*

Y. G. — L'entreprise est assez complexe. Le contexte de la rencontre est assez particulier car le Danemark se trouve, à l'époque, sous occupation allemande. Bohr, en tant que physicien de renommée mondiale, est surveillé par la Gestapo, car on craint qu'il ne collabore avec les Alliés à la fabrication d'une bombe atomique.

Y. V. — *Qu'il partage ses connaissances avec les Américains et les Anglais, qui sont alors les ennemis des Allemands et qui pourraient eux aussi tenter de fabriquer une bombe atomique…*

Y. G. — De part et d'autre, on ignore totalement où en est l'ennemi dans l'élaboration de la bombe atomique. Dans ce contexte, la rencontre de Heisenberg et de Bohr est d'autant plus intrigante.

Y.V. — *Que suggère donc la pièce de Michael Frayn à ce sujet ? Existe-t-il des traces de cette rencontre ? Des lettres sur lesquelles il aurait fondé son récit ?*

Y. G. — On a trouvé très peu de documents à ce sujet. Les premières sources commencent à paraître une quinzaine d'années après le fameux événement. Heisenberg fait alors état de leur fameuse rencontre en affirmant, entre autres, que si les Allemands n'ont pas fabriqué la bombe, c'est grâce à lui qui a tout fait pour en freiner son développement. Heisenberg soutient ainsi avoir pris soin de ne pas donner la bombe à Hitler. Bohr s'élève cependant contre cette version des faits. Il est complètement en désaccord avec cette interprétation des événements de 1941. Sans être explicite, Bohr suggère plutôt que l'Allemagne était très en avance à l'époque et que tous croyaient qu'elle gagnerait la guerre. Heisenberg serait donc plutôt venu le voir afin de le convaincre de collaborer avec eux plutôt qu'avec les Anglo-Saxons, lui suggérant même de tenter de les décourager dans la poursuite du développement d'une telle bombe.

Dans *Copenhagen*, Frayn suggère que, dans un renversement dramatique, Heisenberg aurait choisi de ne pas faire la bombe. Celui qui se retrouverait vraiment avec les mains sales serait donc plutôt Niels Bohr car, en 1943, apprenant que la Gestapo est sur le point de l'arrêter, il s'échappe du Danemark vers l'Angleterre, puis vers les États-Unis. Il travaillera à Los Alamos où il contribuera à mettre au point le déclencheur de la bombe atomique.

Y.V. — *Il a donc travaillé sur les bombes d'Hiroshima et de Nagasaki.*

Y. G. — En un sens oui, bien qu'il soit évident que les Américains auraient réussi sans lui. Frayn souligne que ce sont les Américains et les Britanniques, avec l'aide de Bohr lui-même, qui ont fait sauter la bombe, et non pas Heisenberg.

Y.V. — *Michael Frayn prend donc à contre-pied l'histoire dominante aux États-Unis, au moins parmi les scientifiques. On peut imaginer la controverse lors de la présentation de* Copenhagen *aux États-Unis…*

Y. G. — La controverse a en effet été énorme et a entraîné des découvertes intéressantes. Une douzaine de documents liés à cette fameuse rencontre de 1941 se trouvaient parmi les archives de Niéls Bohr, décédé en 1962. Parmi ces documents, une série de lettres écrites par Bohr à Heisenberg, jamais envoyées, expliquent certains aspects de cette rencontre mystérieuse. Les lettres devaient demeurer cachetées jusqu'en 2012, cinquante ans après la mort de Bohr, une pratique courante en ce qui a trait aux documents historiques. Toutefois, face au tollé soulevé par la présentation de la pièce de Frayn, la famille Bohr décida, en février 2002, d'ouvrir les fameuses lettres et de les rendre publiques.

Y.V. — *Et on sait maintenant ce qui s'est passé au cours de cette rencontre ?*

Y. G. — Eh bien, pas vraiment. Bien que nous ayons maintenant accès à tous ces documents, qui sont d'ailleurs disponibles sur Internet, ceux-ci nous en apprennent très peu sur ladite rencontre et ne permettent pas vraiment de trancher entre les différentes interprétations. Cela montre que les documents historiques, bien qu'utiles, ne sont pas toujours précis et ne peuvent en eux-mêmes répondre à toutes les questions que nous nous posons sur le passé. Frayn a su tirer profit de cette zone grise de l'histoire dans sa pièce en jouant, dans une sorte de clin d'œil, sur le principe d'incertitude. Ceux qui ont touché quelque peu à la physique connaissent la grande découverte d'Heisenberg, le fameux « principe d'incertitude », qui dit qu'on ne peut à la fois mesurer avec une infinie précision la position d'une particule et sa vitesse. En jouant sur les mots, Frayn suggère que cette incertitude demeurera en ce qui concerne la teneur même de cet événement dont on connaît avec précision le moment mais pas le contenu. La pièce suggère des interprétations, mais laisse le spectateur dans le mystère. Ce qui s'est réellement passé, on ne le saura probablement jamais.

20

L'astrologie à l'université

Yanick Villedieu — *Nous abordons maintenant un sujet habituelle-ment considéré comme hors du domaine des sciences : l'astrologie. Bien que je connaisse votre propension à briser les interdits, la chose me surprend un peu. Quelle mouche vous a piqué pour que vous abordiez ce sujet tabou ?*

Yves Gingras — Je serai franc. Au cours de mes lectures nom-breuses et diversifiées, j'ai fait une découverte : en avril 2001, la position des planètes et des étoiles était très favorable à l'astrologie.

Y. V. — *Pardon ?*

Y. G. — J'en ai la preuve. Il y a corrélation entre les événements : c'est donc scientifique ! Deux événements sont survenus au prin-temps de 2001 et ont, en quelque sorte, créé un retour en force de l'astrologie.

Y. V. — *Bon, je veux bien tomber dans l'irrationnel, mais allons-y tout de même de façon ordonnée. Le premier événement, puis le deuxième.*

Y. G. — Le premier événement survient à Paris, le 7 avril 2001. Il y a une soutenance de thèse à la Sorbonne. Cette université avait été fondée par Robert de Sorbon vers 1100. On parle presque de 1 000 ans d'histoire. Voilà une institution très importante sur le plan symbolique. Or, c'est en ce lieu solennel que Mme Élisabeth Teissier défend une thèse prétendument de sociologie. Il faut préciser que Mme Teissier est une astrologue médiatique très connue en France, entre autres en qualité d'astrologue personnelle de François Mitterrand, ancien président socialiste de la république. Le titre de la thèse est : « Situation épistémologique de l'astrologie à travers l'ambivalence fascination-rejet dans les sociétés postmodernes ».

Déjà, l'oreille d'un sociologue rationaliste comme je le suis détecte les mots clés : « post-moderne » et « épistémologie » qui sont souvent des signes qui cachent, derrière une façade savante, de la pseudo-science. On parle toutefois ici d'une thèse de sociologie, défendue dans une honorable institution universitaire.

Y.V. — *Et cette thèse fait plus de 1 000 pages…*

Y. G. — Mille pages de prétendue sociologie. Cependant, lorsque les sociologues grattent et analysent cet ouvrage, le scandale éclate : il ne s'agit pas de sociologie, mais bien d'une défense et d'une illustration de l'astrologie. Cette affaire suscite alors un tollé en France. Un grand nombre de sociologues déclarèrent, dans les pages du quotidien *Le Monde* et sur Internet, qu'il était tout à fait scandaleux qu'Élisabeth Teissier ait obtenu un doctorat en sociologie de la prestigieuse Université de la Sorbonne.

Des pressions sont faites sur le recteur de l'université afin qu'on retire le diplôme en question. Le recteur refuse. Un volumineux rapport est produit par des scientifiques, des astronomes, des physiciens et des sociologues ayant analysé la thèse de 1 000 pages. Ils montrent que la thèse ne constitue une contribution savante ni à la sociologie, encore moins à l'astronomie, et qu'elle n'a rien de scientifique ni même d'universitaire. On exige de nouveau le retrait du diplôme, mais peine perdue. Comme tous les événements médiatiques, il s'estompera rapidement. Mais Mme Tessier demeure officiellement docteur en sociologie…

Y.V. — *Quel est le deuxième événement ?*

Y. G. — Le deuxième événement est encore plus important. Il concerne une décision du gouvernement indien. Le ministre de la Science et de l'Éducation du gouvernement est alors un physicien de formation, anciennement professeur d'université. Ce ministre approuve, en avril 2001, la création de programmes d'astrologie dans les universités indiennes. Ces programmes de premier et de troisième cycles mèneront à l'obtention d'un diplôme de sciences astrologiques fondées sur l'astrologie védique. Cette décision provoque un tollé chez les scientifiques indiens. L'Inde est un lieu important et reconnu de formation scientifique de bon niveau et on y trouve une communauté scientifique très importante.

L'Académie nationale des sciences s'oppose alors fortement à la décision du ministre. En septembre 2001, un groupe de scientifiques décide même d'aller en cour afin d'empêcher la création de ces programmes. L'un des aspects intéressants dans cette affaire est le discours entourant la justification de la création de ces nouveaux programmes. Certains organismes importants, dont le Conseil de la recherche scientifique et industrielle, ont donné leur aval au projet. Parmi les membres de ces organismes, on trouve de nombreux scientifiques, dont des biologistes moléculaires et des informaticiens réputés. De toute évidence, l'idée que l'astrologie est un combat d'arrière-garde de personnes ignorantes est complètement fausse. Des gens de prime abord scientifiques, comme des professeurs d'université, n'ont-ils pas appuyé la démarche du ministre ? Face au tollé, le ministre, sur la défensive, déclare que ces programmes répondent à une demande d'astrologues qualifiés ! Ce discours est d'ailleurs très répandu. On entend partout aujourd'hui qu'il faut adapter nos universités aux besoins du marché, de la demande ! Le ministre indien va plus loin et soutient que non seulement ces programmes élèveront le niveau d'éducation, mais qu'ils répondent aussi aux défis émergents. On a donc ici la rhétorique de la transformation des universités poussée à l'extrême, en quelque sorte. En Inde, les défis émergents, selon le ministre, semblent inclure l'astrologie. Espérons qu'ici nos défis émergents ne nous amèneront pas à créer des cours de tarot ou de lecture des feuilles de thé…

Y.V. — *Alors, à la lumière de ces événements, on constate que l'astrologie n'est pas l'apanage des non-scientifiques… Ce qui me paraît inquiétant dans cette remontée de l'astrologie, dans le regain de crédibilité de celle-ci dans certains milieux universitaires, c'est que nous assistons à ce qui semble être une sorte de retour en arrière…*

Y. G. — Je crois que c'est un signe des temps, pour demeurer dans le langage astrologique. Depuis un certain nombre d'années, nous sommes dans un contexte où prévaut une certaine forme de relativisme, relativisme non seulement moral, mais également scientifique. Il s'agit de la croyance qu'il existe différents modes de pensée, tout aussi valables. Par exemple, en Inde, on parle également de retour des mathématiques védiques à l'école. De grands mathématiciens indiens ont pourtant affirmé que c'était complètement ridicule, les mathématiques védiques étant de la petite arithmétique et sûrement pas des mathématiques avancées, au sens où on l'entend habituellement. Il faut mentionner qu'en Inde, cette situation est liée à l'élection d'un gouvernement conservateur très nationaliste.

Y.V. — *Et très traditionaliste.*

Y. G. — Il y a dans la transformation des programmes d'enseignement un désir de retourner à l'hindouisme pur. C'est le contexte qui prévalait en Inde au moment où ces décisions ont été prises.

Y.V. — *Peut-être que de nouvelles élections vont amener l'abandon de tels projets mais ils sont un signe de cette ambiance relativiste qui veut que toutes les connaissances se valent.*

Y. G. — Ce recul de la raison est aussi à nos portes. On a vu, après la destruction des tours du World Trade Center à New York

le 11 septembre 2001, des gens cultivés, des professeurs d'université, affirmer qu'il ne fallait pas chercher d'explications à ces événements. Il y a quelque chose de curieux mais aussi d'inquiétant
dans cet appel à cesser de chercher à expliquer… Cette attitude
prône, de façon à peine voilée, un retour à l'obscurantisme. Ce
n'est peut-être pas par hasard que ces gens-là, inconsciemment,
préfèrent vivre dans un monde obscur dans un contexte de
remontée de l'astrologie. N'est-ce pas la nuit que l'on voit le mieux
les étoiles ?

Y.V. — *Il nous est alors possible de calculer leur alignement afin de
connaître leur influence sur nous…*

Y. G. — On ne doit pas rester muet devant ces situations, on doit
réagir. Aux États-Unis, on est allé devant les tribunaux pour empêcher le créationnisme de s'installer dans les écoles. Les scientifiques
indiens ont fait de même pour tenter d'empêcher la création des
programmes d'astrologie à l'université. La défense de la raison
doit se faire par tous les moyens, y compris juridiques.

21

Risques technologiques et techno-diversité

Yanick Villedieu — *Nous sommes non seulement dans le XXIe siècle, mais également dans le IIIe millénaire. Dites-moi, Yves Gingras, quel genre de société pouvez-vous apercevoir dans votre boule de cristal de sociologue des sciences ?*

Yves Gingras — Le sociologue et historien que je suis peut faire des prédictions assez simples, non pas à l'aide d'une boule de cristal, mais en jetant un coup d'œil sur le passé. Nous vivons actuellement dans une société qu'on pourrait qualifier de société du risque. Ce sera encore plus vrai au cours du XXIe siècle. Cette conscience du risque a commencé à s'accentuer au cours des années 1970. Elle est devenue aujourd'hui présente de façon quotidienne dans les médias.

Y. V. — *Cette expression particulière de « société du risque » est-elle vraiment caractéristique de ce que nous vivons actuellement et de ce que nous vivrons de plus en plus ?*

Y. G. — Plusieurs sociologues, notamment les Allemands Ulrich Beck et Niklas Luhmann parlent explicitement de société du risque pour caractériser l'activité sociale d'aujourd'hui. On situe le début de cette société du risque dans la période suivant la Seconde Guerre mondiale. On assiste alors à l'invention de la bombe atomique et au développement d'un réseau socio-technique très serré. Le réseau hydroélectrique en est un exemple, les réacteurs nucléaires également. Mais les choses se sont accélérées dans les années 1970 avec les accidents nucléaires de Three Mile Island aux États-Unis et de Tchernobyl en URSS, survenus respectivement en 1973 et en 1986. Le génie génétique ouvre aujourd'hui la porte à des transformations de plus en plus nombreuses…

Y.V. — *Nous pouvons également nommer les risques engendrés par les avancées biologiques. Les réseaux informatiques font eux aussi partie de ce nouveau paysage. Rappelons-nous cette panique généralisée face à un prétendu risque d'effondrement du système informatique au tournant de l'an 2000…*

Y. G. — En effet, l'informatique illustre d'ailleurs très bien une des caractéristiques de cette société de risque : la complexité des systèmes. Tout est maintenant en réseau. Une petite faille dans le système peut faire tomber le réseau entier ; provoquer une panne généralisée, par exemple. Nous prenons de plus en plus conscience de ces risques-là.

Y.V. — *Nous vivons donc vraiment dans une société du risque. Comment parvenir à vivre sereinement dans une telle société où à tout instant peut se produire un incident engendrant une catastrophe sociale ou économique ?*

Y. G. — Je répondrai à cette importante question en présentant une autre caractéristique de cette société du risque. Paradoxalement, l'humain est doté d'une aptitude fondamentale à « routiniser » le risque. Cette faculté est dans notre nature. Les exemples sont multiples : qui s'inquiète aujourd'hui des accidents de voiture ? Les faits sont pourtant là : chaque année, environ 500 personnes se tuent sur la route au Québec. Les accidents d'avion impressionnent un peu plus, probablement parce qu'ils sont plus rares et surtout parce qu'un plus grand nombre de personnes meurent simultanément. Toutefois, les gens ne sont pas surpris par ces accidents. Ils oublient vite. Pourquoi ? Parce qu'ils font partie de la routine de notre société.

Y. V. — *Et nous continuons à prendre l'auto et l'avion...*

Y. G. — Et à traverser la rue. Nous avons intégré et donc accepté la présence de ces risques. Et c'est justement là le problème des systèmes complexes : la routine s'installe. L'explosion en plein vol de la navette spatiale Challenger survenue en 1986 en est un exemple. Des études effectuées à la suite de cet événement ont montré sa « routinisation » chez les ingénieurs. Ceux-ci avaient lentement appris à vivre avec des risques de plus en plus grands. La gradation de ces risques se faisait pourtant de façon infinitésimale. C'est l'accumulation de ces routinisations qui a fini par engendrer un risque important. La navette a sauté en 1986. Les ingénieurs savaient depuis 1985 que le fameux joint d'étanchéité, pointé comme la cause de l'explosion, était à haut risque. Des recherches étaient en cours pour tenter de rectifier la situation. Toutefois, en 1986, on a tout de même pris la décision de procéder au lancement de la navette. C'était une erreur. Et cette erreur n'était pas due à de la mauvaise volonté ni à un complot, mais à une routinisation dans une culture qui s'habitue insensiblement à prendre davantage de risques.

Y. V. — *Un autre bel exemple de routinisation du risque est celui de l'accident qui s'est produit dans une centrale nucléaire au Japon en 1999.*

Y. G. — Les employés japonais avaient l'habitude de manipuler de l'uranium. Cette fois, ils avaient vidé la substance d'une façon que nous qualifierions probablement d'insouciante. Il s'agissait toutefois pour eux d'une habituation au risque. Un regard externe est intéressant pour comprendre ces situations de routinisation. Par exemple, dans le cas de la navette Challenger, un administrateur ne faisant pas partie de l'équipe avait rapidement constaté que les ingénieurs s'habituaient à de plus en plus de risques. Il ne connaissait pas les aspects techniques du travail de ces ingénieurs. Il leur disait simplement : « Je vous regarde, et c'est devenu de plus en plus dangereux ici. »

Y. V. — *Comme on le dit communément, vous « prenez des risques ».*

Y. G. — D'où la nécessité de donner de plus en plus d'importance à quelqu'un d'externe à la culture locale. Lorsqu'on baigne dans la culture, on ne voit plus clair dans ce qu'on fait. Il est nécessaire d'avoir quelqu'un d'externe qui nous rappelle que l'on court de plus en plus de risques. La routinisation est inévitable, mais l'observateur externe peut être une solution au problème.

Y. V. — *Une curieuse expression est d'ailleurs apparue dans cette société du risque dans laquelle nous vivons, et c'est celle d'accident normal. Paradoxal, car un accident ne devrait pas être normal. L'expression est toutefois maintenant consacrée.*

Y. G. — *Normal Accident* est d'ailleurs le titre d'un livre célèbre du sociologue américain Charles Perrow paru en 1984 et portant comme sous-titre « Vivre avec les technologies à haut risque ». C'est à la suite de nombreux travaux portant sur la société du risque qu'a été conçu ce concept en apparence contradictoire. Plus précisément, l'apparition de systèmes de plus en plus complexes a engendré ce concept d'accident normal. En voyant les choses sous cet angle, on aurait pu prédire dès les années 1950 qu'il y aurait de nombreux accidents nucléaires. Et il y en a eu un grand nombre, à différents degrés. On connaît celui de Three Mile Island. Celui de Tchernobyl, une véritable explosion dans l'atmosphère, a été beaucoup plus grave. Un très grand nombre de défaillances techniques ont eu comme conséquences la libération de radioactivité, à divers degrés. On peut toutefois qualifier ces événements d'*accidents normaux* étant donné la complexité du système. Dans ce contexte, croire au risque zéro équivaut à croire au père Noël.

Y.V. — *Une autre expression est apparue récemment, celle de principe de précaution. On l'entend de plus en plus. Elle exprime en fait une conscience des risques, risques qui sont parfois à long terme, insidieux ou discrets. Le principe de précaution devient pour certains une mise en garde, une incitation à ne pas prendre de risque. Cet important principe caractérisera lui aussi notre vie en société au XXIᵉ siècle.*

Y. G. — Cette expression est issue d'une autre particularité de la société du risque : il s'agit d'une société réflexive, c'est-à-dire consciente d'elle-même, de ses actions et de certains de leurs effets. Nous sommes conscients du fait que les risques à long terme, souvent abstraits et difficiles à prévoir, sont de plus en plus grands. Le principe de précaution est un outil de gestion issu de cette réflexion. Toutefois, le principe de précaution ne veut pas dire tout protéger à n'importe quel prix. Une interprétation extrême de ce principe aboutirait à ne rien faire. Par exemple, on pourrait cesser d'allumer son téléviseur, car cet appareil génère une grande quantité d'ondes électromagnétiques, sans parler du four à micro-ondes...

Le principe de précaution est utilisé dans les ententes internationales. Il est toujours accompagné d'un ensemble d'arguments. Par exemple, on dit que les décisions prises doivent être proportionnelles à la protection recherchée, peu importe l'application. Prenons la question de l'intensité des ondes électromagnétiques émises par les stations de relais pour les téléphones cellulaires. Elle a fait l'objet d'importants débats. Il a rarement été mentionné dans ces débats que les téléviseurs émettent des ondes électromagnétiques encore plus puissantes... La non-discrimination voudrait qu'on applique les mêmes recettes pour les mêmes degrés d'intensité d'ondes électromagnétiques. Il existe donc tout un ensemble de principes qui contrôlent le principe de précaution. Sans ce genre de balises, le principe pourrait même se transformer, par exemple, en argument économique indirect de protection non tarifaire afin d'empêcher certaines importations et faisant ainsi obstacle aux échanges économiques internationaux.

Y. V. — *André Malraux disait : « Le XXIe siècle sera religieux ou ne sera pas. » J'ai plutôt l'impression que ce siècle sera caractérisé par le risque technologique. Comment, en tant que citoyen, va-t-on apprendre à vivre dans cette société du risque ?*

Y. G. — Au vu de ce qui se passe depuis quelques années, il semble que l'on puisse en fait joindre les deux et parler de risques religieux ! Plus sérieusement, la seule façon de s'habituer à cette prise de risque est d'avoir une culture de la probabilité. Lorsque nous traversons la rue, il existe une probabilité non nulle d'accident, risque que nous tenons maintenant pour acquis et allant de soi, car de tels accidents sont routiniers. Il faut en être conscient. Lorsque nous avons affaire à des réacteurs nucléaires ou à des OGM, nous devons être en mesure d'évaluer à la fois les avantages et les inconvénients en termes de probabilité. La complexité de notre société est telle qu'il est inévitable que des réseaux tombent en panne. Le réseau hydroélectrique du Québec flanche parfois, peu fréquemment et surtout localement, mais ça arrive et nous le savons. Il nous faut donc développer la capacité de comprendre notre société telle qu'elle est aujourd'hui. Nous ne vivons plus dans une société où le danger est naturel, comme le loup qui se terre près des bois, mais dans une société où le risque vient de l'humain lui-même, de son développement technologique. En somme, le risque ne provient plus de la nature mais de la culture.

Y. V. — *Vous considérez donc la technologie comme une culture ?*

Y. G. — Edison a inventé l'ampoule électrique en 1878. Cet objet ne se trouve pas dans la nature, il est un produit de notre raison, de notre culture. Le philosophe français Gaston Bachelard appelle ces entités techniques des « objets abstraits-concrets ». Une fois l'ampoule mise au point, l'aventure était loin d'être terminée. Pour la répandre dans les foyers, une structure complètement différente devait être créée : un système de distribution d'électricité. Une compagnie fabriquant des ampoules sera mise sur pied, puis une compagnie pour produire des fils électriques, puis une autre pour créer des systèmes de production d'énergie, utilisant, par exemple, les chutes Niagara. On constate donc que même une invention technique relativement simple comme l'ampoule nécessite la mise en place de tout un réseau qui transforme la société, non seulement du point de vue architectural, mais également sur le plan des pratiques sociales. À la longue, ce système finit par devenir « transparent », invisible, car on le tient pour acquis. Il suffit d'une bonne panne de courant pour qu'on en constate l'artificialité, devenant paradoxalement visible lorsque les lumières s'éteignent…

L'ensemble des techniques n'est pas constitué d'éléments isolés, additionnables les uns aux autres. Il constitue plutôt un système, et qui dit système dit interconnexion et rétroaction. La modification d'un seul élément de ce système a des répercussions sur son ensemble. Il existe aujourd'hui des porcheries où cohabitent des centaines de porcs dans un endroit restreint. Cependant, cette situation est impensable sans la présence d'un système technique complexe, incluant un système de ventilation. Ainsi, il suffit d'une panne du système de ventilation pour causer la mort de ces porcs, asphyxiés par l'odeur de leurs propres excréments.

Y.V. — *En somme, vous nous dites que les animaux et les objets qui sont des produits de la technique sont donc des animaux et des objets « contre nature » ?*

Y. G. — Un vieil adage affirme que l'homme est un animal raisonnable. Je dirais plutôt que l'humain est un être de raison. Par le fait même, les objets et les animaux qu'il côtoie deviennent des objets de raison, des artefacts. Le cas de la mort étrange d'une vache illustre ce fait. Une vache, semblant des plus naturelles, avait été habituée, comme ses consœurs, à être traite à la machine. Elle refusa d'être traite manuellement et en est morte ! Cette vache, malgré les apparences naturelles, était bel et bien une vache « technologisée », comme le sont au fond tous les animaux domestiques. La domestication n'est rien de moins que la transformation d'un animal sauvage en animal technicisé par la raison humaine.

L'opposition nature-culture qu'on clame depuis l'Antiquité est une fausse dichotomie. Dès que l'australopithèque apparaît, il sort de la nature. Comment ? En développant des techniques, en taillant et en polissant le silex, en domestiquant le feu. L'homme d'aujourd'hui ne fait que poursuivre cette trajectoire en artificialisant le monde. Regardez autour de vous : je vous mets au défi de trouver un seul objet vraiment naturel. Le papier et l'encre sont des artefacts, les arbres sont sélectionnés et transformés en papier. Les fruits sont modifiés, les légumes aussi. Les animaux sont domestiqués. Nous sommes les rois de l'artificialisation de la nature.

On peut toujours rêver et croire en une nouvelle alliance entre l'homme et la nature. Toutefois, si on observe sociologiquement la transformation du monde depuis les origines, on ne peut que constater que la trajectoire de cet être particulier, cet animal de raison qu'est l'humain, est de transformer constamment la nature. Notre alliance avec la nature consiste dans le fait que l'on crée des artefacts, en modifiant tout ce qui nous entoure.

Y. V. — *Une panne de courant nous fait rapidement prendre conscience que nous sommes prisonniers d'une technologie et d'une société d'État qui distribue cette technologie. Nous sommes également prisonniers d'une seule technique. Il y a peu de diversité dans nos techniques.*

Y. G.— Nous sommes très dépendants de la technologie. Les avancées scientifiques et technologiques nous ont apporté une croissance du savoir, mais — on l'oublie trop souvent — également une *perte* de savoir. On a tendance à croire qu'on en connaît davantage que Newton ou que les Grecs de l'Antiquité, mais c'est souvent faux. C'est plutôt qu'on connaît *autre chose*. Le vieil homme qui explique à un jeune garçon comment fonctionne un fanal à gaz illustre bien ce fait. La technologie d'un fanal, artefact par excellence, est assez simple. Elle est bien connue des amoureux de la nature, mais méconnue de beaucoup d'autres. Il existe une perte d'un savoir dit traditionnel. On assiste donc non seulement à un phénomène d'accumulation des connaissances, mais également à une déperdition de savoirs pourtant utiles dans certaines circonstances.

Depuis un certain nombre d'années, on parle beaucoup de biodiversité. On sait que plus le parc génétique est diversifié, plus il peut résister aux transformations de la nature. Si on se retrouvait avec une seule variété de vaches et qu'elles attrapaient toutes une nouvelle maladie mortelle, il n'en resterait plus aucune! Par contre, d'autres variétés de vaches pourraient, elles, être immunisées et survivre.

Il est frappant de constater que plusieurs institutions se vantent d'avoir un système technique « tout intégré ». Or, en couplant le téléphone et l'ordinateur, par exemple, on diminue la techno-diversité car si le réseau tombe en panne, on ne pourra même plus prendre le téléphone pour appeler le technicien! Il est donc temps de mettre de l'avant l'idée de *techno-diversité*. Comme la biodiversité, elle seule peut permettre d'éviter de se retrouver démunis pour avoir mis tous nos œufs dans le même panier technologique.

22

L'histoire des changements climatiques

Yanick Villedieu — *Lors du sommet mondial de Johannesburg sur le développement durable, en 2002, une importance particulière a été accordée à la question du réchauffement de la planète. Bien qu'on puisse avoir tendance à croire que cette préoccupation soit née au milieu des années 1980, l'histoire des sciences nous montre qu'en fait, la question du réchauffement de la planète a été soulevée il y a bien plus longtemps…*

Yves Gingras — Dans cette histoire, on parle successivement de réchauffement, de refroidissement, puis à nouveau de réchauffement de la planète. Mais commençons tout d'abord par remonter aux sources. Dès le XVIIe siècle, on trouve dans le discours du sens commun cette idée que l'homme pouvait modifier le climat. En Angleterre, par exemple, on tentait d'encourager l'émigration vers les États-Unis en vantant le climat de la Virginie, qu'on décrivait comme ayant une latitude comparable à celle des belles villes d'Italie. On avait donc la conception que climat et latitude allaient de pair. Le mot « climat » vient d'ailleurs du grec *klima*, qui signifie pente, déclinaison. Le raisonnement était donc le suivant : à une latitude donnée, la température devrait être la même partout. Cependant, ce raisonnement s'est trouvé ébranlé lors de la colonisation de l'Amérique : on a rapidement pu constater qu'il y faisait beaucoup plus froid qu'en Europe. Pour pallier cette situation jugée ennuyeuse, on s'est mis à couper les arbres et à intensifier

l'agriculture, espérant ainsi rendre les températures plus clé-
mentes. À l'époque, la modification du climat se faisait entre
autres par le biais de la déforestation et de l'agriculture, notamment dans le contexte du développement des États-Unis.

Y. V. — *La déforestation massive était donc vue, à l'époque, comme
une bonne chose.*

Y. G. — L'idée de base, on pourrait dire la « théorie », était que
l'on pouvait influencer le climat pour le rendre moins rigoureux.
Thomas Jefferson (1743-1826), célèbre président des États-Unis
des années 1780, avait effectué des calculs à partir de ses lectures
des écrits romains et grecs. Il arrivait à la conclusion que, depuis
l'époque de Jules César, la température avait augmenté d'environ
un degré par siècle, le tout étant une conséquence de l'agriculture
et de la déforestation.

Y. V. — *Calcul probablement légèrement erroné car en comptant
un degré par siècle, on obtient 20 degrés en 2 000 ans, ce qui est beaucoup! L'utilisation plus systématique d'instruments de mesure
comme le thermomètre et le baromètre viendra modifier ce discours.*

Y. G. — En collectant des mesures fiables et sur une longue durée,
on pourra mieux suivre les tendances. En 1770, par exemple, Thomas Jefferson, approuvant ces nouvelles inventions, qui dataient
en fait d'un siècle mais qui s'étaient améliorées, appellera à la mise
sur pied d'observatoires afin de mesurer les températures en de
multiples lieux et de façon continue, ce qui permettrait l'obtention
de séries temporelles. Ce n'est toutefois qu'un siècle plus tard, dans
les années 1850, que seront créés en France, en Allemagne et aux
États-Unis des sociétés et des instituts météorologiques qui com-
menceront à produire des séries de mesure de la température sur
une longue durée. Il existe bien sûr des données correspondant à
des mesures prises au temps des Romains, mais il ne s'agit pas de
mesures précises et continues. Celles-ci ne deviennent possibles

qu'avec la mise au point d'instruments précis et surtout standardisés. On doit s'assurer que des thermomètres qui mesurent 20 degrés à Paris et à Londres reflètent bien la même réalité. Le calibrage des instruments est donc nécessaire. Le thermomètre du savant allemand Daniel Gabriel Fahrenheit (1686-1736), inventé vers 1720, marque le début de la standardisation.

Y.V. — *Mais revenons à la question du climat. À la fin du XIXe siècle, en 1889 pour être précis, Cleveland Abbe (1838-1916), savant américain alors employé au service météorologique de l'armée, écrit un texte fort intéressant : « Is our climate changing ? » Notre climat est-il en train de changer, se demande-t-il…*

Y. G. — Dans ce texte, il présente une synthèse des connaissances sur la question. À l'analyse des 90 années de mesures disponibles, il constate que, contrairement à la croyance ancestrale à l'effet que la déforestation ferait augmenter la température, il n'y a présence d'aucune fluctuation, ni à la hausse, ni à la baisse. Certains hivers sont plus froids, d'autres plus chauds. Le diagnostic de 1889 est que le climat ne varie pas.

Y.V. — *À l'époque, en plus de la température, on commence également à donner de l'importance à de nouvelles variables liées au climat, notamment à la quantité de gaz carbonique et de vapeur d'eau dans l'atmosphère, ce qu'on appelle aujourd'hui les gaz à effet de serre.*

Y. G. — Le scientifique britannique John Tyndall (1820-1893) joue à cet égard un rôle important au milieu du XIXe siècle. Il s'applique à mesurer l'absorption du rayonnement infrarouge par divers gaz. C'est ainsi qu'il découvre que la vapeur d'eau absorbe une grande quantité de rayons infrarouges. Tyndall affirme sur cette base que la présence de vapeur d'eau est le facteur qui affecte le plus la température. Il découvre aussi que d'autres gaz, notamment le gaz carbonique et l'azote, absorbent également l'infrarouge.

Y. V. — *Un autre savant important, le suédois Svante Arrhenius (1859-1927), s'intéressera également aux effets du gaz carbonique, ou dioxide de carbone ou CO_2, dans l'atmosphère.*

Y. G. — Ce prix Nobel de chimie (1903) déclarera que le rôle du CO_2 est prédominant dans les variations du climat. À ses yeux, la production industrielle, en pleine expansion à la fin du XIXe siècle, est responsable de l'émission de gaz carbonique et devient ainsi la cause principale du réchauffement de la planète. Bien qu'Arrhenius parle clairement de réchauffement du climat, il considère cependant ce changement comme positif. Son raisonnement est le suivant : la planète étant plus chaude, on observera des températures plus constantes et un climat tempéré, exempt de températures extrêmes. Pour Arrhenius, la corrélation est claire. Dans les années 1920, cependant, on prend de nouvelles mesures et on pense que ce CO_2 produit pourrait bien être réabsorbé par les océans, ce qui viendrait changer l'équation. C'est le début des débats sur les puits de carbone.

Y. V. — *Dans les années 1930, l'arrivée de Guy Stewart Callendar (1898-1964), un savant britannique, viendra toutefois bouleverser le cours des choses.*

Y. G. — Callendar, qui est le fils de Hugh Longbourne Callendar (1863-1930), un professeur de physique qui enseigna à l'université McGill de 1893 à 1897 puis retourna en Angleterre, remettra à l'ordre du jour l'importance du carbone. De la fin des années 1930 jusqu'aux années 1960, il s'applique à montrer qu'il existe une corrélation précise entre l'accroissement du dioxyde de carbone dans l'atmosphère, causé par la production industrielle, et l'augmentation moyenne des températures. Les données étant plus précises, de plus en plus de gens se laissent convaincre. Or, en 1970, la National Science Foundation publie un rapport synthèse à l'effet qu'il n'y a pas de réchauffement de la planète, il y a plutôt refroidissement !

Y. V. — *Mais aujourd'hui on ne parle que de réchauffement, pas de refroidissement. Quand assiste-t-on à un retournement ?*

Y. G. — Depuis les années 1980, on s'entend de plus en plus sur le fait qu'il y a clairement réchauffement de la planète. Et depuis le rapport de 2001 du Groupe intergouvernemental d'experts sur l'évolution du climat (GIEC), mis sur pied en 1988 sous l'égide de l'ONU et de l'Organisation météorologique mondiale (OMM), · on peut dire que le consensus scientifique s'est stabilisé et que le réchauffement est considéré par les experts dans le domaine comme un fait avéré. Le rapport de 2007 est d'ailleurs encore plus alarmiste.

Contrairement à la situation qui prévalait au début du siècle, nous possédons aujourd'hui de meilleurs instruments. Par exemple, on a mis en orbite au début du XXIe siècle une nouvelle génération de satellites Meteosat qui permettent de prendre des mesures du bilan énergétique de la planète pour le continent européen et l'Amérique du Nord. On est à même de calculer l'énergie émise par la Terre et celle qu'elle absorbe. Ce sont ces données qui permettent de déterminer le bilan énergétique et de savoir s'il y a réchauffement ou non. Plus les mesures sont précises, plus il y a probabilité élevée de convergence, de consensus entre les chercheurs.

Y. V. — *Et la question de la transformation du climat touche aujourd'hui un public plus large que celui des scientifiques, auquel il était limité dans les années 1930.*

Y. G. — La conjoncture est nouvelle. Parler de réchauffement de la planète a des implications politiques majeures, ce qui n'était pas le cas avant les années 1980. Alors que les discussions étaient confinées à l'intérieur de la communauté scientifique et se faisaient essentiellement dans les revues spécialisées, aujourd'hui des articles très techniques ont des répercussions publiques et peuvent faire la une des journaux. Ce n'est plus une simple controverse scientifique débattue entre experts mais bien une controverse publique dans laquelle plusieurs groupes d'intérêts sont actifs. Ainsi, quelqu'un qui publierait dans *Nature* ou dans *Science* un article affirmant qu'il n'y a pas de réchauffement de la planète, aussi rigoureux soit-il, risque d'être perçu comme faisant partie d'un grand complot. En 1930, un tel texte aurait été discuté — de façon relativement calme — entre savants sans s'attirer les invectives de groupes de pression qui n'aiment pas les conclusions des scientifiques. Il y a aujourd'hui une forte interaction entre la science, les décisions politiques et les discours des groupes d'intérêts, qu'ils soient pro-industrie ou pro-environnement. Il est devenu difficile de savoir qui a tort ou qui a raison tant les intérêts idéologiques sont parfois difficiles à démêler des intérêts scientifiques. Il ne faut donc pas se surprendre du fait que, malgré un fort consensus parmi les experts, il y a encore des personnes qui ont intérêt à nier l'existence d'un réchauffement climatique.

23

Comètes et météorites :
d'une peur à l'autre…

Yanick Villedieu — *De nos jours, les comètes et les météorites sont considérées comme de simples objets en orbite autour du Soleil, des objets « comme les autres » en somme. En 2004, une sonde spatiale de la NASA a même recueilli des poussières de la queue d'une comète, qui, rapportées sur Terre, sont maintenant étudiées de près par les scientifiques. On connaît donc un peu mieux ces objets célestes qui ont perdu de leur mystère. Sauf que, si on connaît mieux les comètes et surtout les astéroïdes, on les craint quand même un peu. C'est une peur qui remonte à l'Antiquité mais qui a, au fil du temps, changé de sens…*

Yves Gingras — Dans l'Antiquité, disons depuis Aristote, ce qui est dans le ciel, c'est-à-dire au-delà de l'atmosphère terrestre, est divin, parfait et immuable. La Lune et les autres planètes sont donc d'essence divine. Jusqu'au XVIIᵉ siècle d'ailleurs, la théorie acceptée sur les comètes en fait des phénomènes relevant de la région sub-lunaire, c'est-à-dire qui se manifestent dans la haute atmosphère terrestre juste avant l'orbe de la Lune. Rappelons à ce propos que *orbe* réfère à la sphère cristalline qui retient une planète ; ce n'est pas une *orbite* au sens moderne de trajectoire de la planète autour du soleil. Les comètes relèvent donc, pour Aristote, de la météorologie, qui étudie les phénomènes se déroulant dans l'atmosphère terrestre et non de l'astronomie, qui ne s'occupe que de ce qui est au-delà de la sphère d'influence de la Terre. Mais elles sont assez rares et énigmatiques pour être interprétées comme des signes annonciateurs, tout comme le sont les phénomènes hors du commun, orages électriques, grêles, météores, etc. De l'Antiquité au XVIIᵉ siècle, d'ailleurs, astronomie et astrologie sont indissociables, car les phénomènes célestes sont des signes d'événements terrestres à venir, le plus souvent, il faut le dire, annonciateurs de mauvaises nouvelles !

Lorsqu'une comète devenait visible, cela devait avoir un sens, signifier quelque chose. La question était, bien sûr, de savoir ce que ça signifiait exactement. Et là, les interprétations divergeaient. Mais en général, le passage d'une comète, comme n'importe quel autre signe inhabituel dans le ciel, était de mauvais augure car il venait perturber l'ordre naturel des choses. Les biographies et les histoires de règnes des rois et autres empereurs utilisaient ce genre de signes célestes pour montrer que les héros sont vraiment exceptionnels, parce que le ciel avait marqué leur passage. Ainsi, la tradition rapporte que lors de la mort de l'empereur romain Claude, une comète est apparue. On trouve cette histoire chez Suétone, écrivain romain qui vécut entre 70 et 130. Dans son livre, *Vies des douze César,* il note que parmi les présages de sa mort, « on aperçut au ciel une de ces étoiles chevelues qu'on appelle comètes ». Sur César, il écrit « Pendant les premiers jeux que donna pour lui, après son apothéose, son héritier Auguste, une comète, qui se levait vers la onzième heure, brilla durant sept jours de suite, et l'on crut que c'était l'âme de César reçue dans le ciel[1] ». Le thème du présage de la comète est en fait un lieu commun que l'on retrouve fréquemment dans la littérature de l'Antiquité jusqu'au XVIIᵉ siècle au moins.

---

1. Suétone, *Vies des Douze Césars,* consulté le 11 décembre 2007, sur le site : http://bcs.fltr.ucl.ac.be/SUET/CLAUD/46.htm

Y. V. — *À quelle époque les mentalités ont-elles commencé à changer ?*

Y. G. — Tout d'abord il faut dire que, même dans l'Antiquité, tous ne croyaient pas à ces présages. Un historien latin du Ier siècle, Quinte-Curse, raconte dans ses *Histoires* que les soldats d'Alexandre, se préparant à une bataille contre les Perses, furent troublés par une éclipse de Lune, remettant ainsi en cause le déplacement des troupes. Alexandre fit venir des prêtres égyptiens qui connaissaient bien l'astronomie pour convaincre ses officiers qu'il n'y avait pas de danger. Au contraire, c'était de bon augure car l'éclipse de Lune était mauvaise pour les Perses mais bonne pour les Grecs ! Et l'historien commente : « Rien ne gouverne si puissamment les esprits de la multitude que la superstition [...] dès que de vaines idées de religion la dominent, elle obéit à ses prêtres bien mieux qu'à ses chefs. » Car, pour lui les éclipses étaient des phénomènes naturels. Ce que les prêtres savaient aussi, mais « ce que le calcul leur a révélé, ils se gardent bien d'en faire part au vulgaire[2] ».

De façon générale, ce n'est qu'au cours du XVIIe siècle, avec les transformations connues sous le nom de « révolution scientifique », que la perception de ces objets célestes va vraiment changer. Ils vont devenir en quelque sorte des objets naturels comme les autres. Le premier à faire des observations qui remettent en cause l'idée millénaire d'un ciel immuable est l'astronome danois Tycho Brahé. À sa grande surprise, il observe en 1572 une nouvelle étoile dans le ciel. Il décrit précisément l'évolution de sa couleur pendant plus d'un an, ce qui nous permet d'ailleurs de savoir qu'il s'agissait en fait d'une supernova, soit l'explosion d'une étoile. Cette apparition soudaine ne peut, selon lui, être qu'un miracle. C'est le même Brahé qui aura la chance d'observer une comète

───────────────

2. Quinte-Curse, *Histoires*, livre IV, chapitre dix ; consulté le 11 décembre 2007 sur le site : http://bcs.fltr.ucl.ac.be/Curtius/CurtiusIV.html#10

cinq ans plus tard et qui démontrera, grâce à ses instruments d'observation de très grande dimension, que contrairement à ce qu'on croyait depuis Aristote, les comètes se déplacent en fait dans le ciel bien au-delà de l'orbe de la Lune. C'était audacieux car plus tard, même Galilée continuera de croire que les comètes sont des phénomènes atmosphériques.

Avec les observations télescopiques de Galilée, qui montre une Lune montagneuse, l'idée « que la Lune soit un corps entièrement semblable à la Terre », comme il l'écrit le 10 janvier 1610, fait son chemin et sera généralisée à l'ensemble des planètes[3]. Dès le milieu du XVIIe siècle, le monde savant se convertit ainsi à une vision mécaniste du monde qui devient incompatible avec l'astrologie. Tant que les objets célestes possédaient en quelque sorte une âme, on pouvait croire à leur influence sur les humains. Ce n'est plus le cas lorsqu'ils sont conçus comme des parties d'une machine inerte. Ainsi, plusieurs savants, dont René Descartes (1596-1650) et Pierre Gassendi (1592-1655), vont dénoncer les croyances aux prédictions fondées sur le passage de comètes et ceux qui exploitent la crédulité des gens.

Comme toujours, le changement de mentalité se fait lentement. Jusqu'à la fin du XVIIe siècle, on peut trouver des traces de ces croyances anciennes. Ainsi, lorsque le père jésuite de Lamberville observe la comète de Halley le 25 août 1682, en Nouvelle-France, il note dans le journal des jésuites (les *Relations*) : « il paraît une comète à l'Occident ce soir, qui nous fait demander par les Iroquois d'où vient ce phénomène extraordinaire et ce qu'il peut indiquer. Il est bien à craindre que ce ne soit qu'un pronostic de la guerre dont les Iroquois menacent les Français. » Vingt ans plus tôt, en 1660, le père Jérôme Lalemand, l'un de nos « martyrs

---

3. Lettre de Galilée à Belisario Vinta, premier secrétaire du grand-duc de Toscane, dans Maurice Clavelin, *Galilée copernicien*, Paris, Albin Michel, 2004, p. 103.

canadiens », écrit, toujours dans les *Relations* : « La comète qui s'est fait voir ici depuis la fin janvier jusqu'au commencement de mars, a été bientôt suivie des malheurs dont ces astres de mauvais augure sont les avant-coureurs. » Et il ajoute plus loin qu'effectivement, « parurent de tous côtés, comme un torrent impétueux », les Iroquois qui avaient été annoncés par le passage de la comète[4]. Ces relents de superstition finiront par disparaître à peu près complètement du monde savant, même si, bien sûr, ils persistent jusqu'à nos jours chez ceux qui croient à l'astrologie. Mais ce qui est fascinant, c'est de constater que cette peur fera place à une autre, celle d'une collision possible d'objets célestes, devenus de simples blocs de pierre, avec la Terre.

Y.V. — *En somme, on serait passé d'une peur fondée sur la superstition à une peur fondée sur la science ?*

Y. G. — En effet. L'un des grands astronomes européens de la fin du XVIIIe siècle, Jérôme Lalande (1732-1807), fait paraître en 1773 un livre intitulé *Réflexion sur les comètes qui peuvent approcher de la Terre*. À cette époque, les astronomes connaissent bien la mécanique de Newton et peuvent mieux prévoir l'apparition des comètes en calculant leur trajectoire de façon plus précise. On commence à se dire que si elles s'approchent beaucoup trop près de la Terre, elles pourraient, par exemple, influencer les marées et provoquer un nouveau déluge, voire même entrer en collision avec la Terre.

Au début du XIXe siècle, on a aussi compris que les météores, les étoiles filantes, que l'on croyait d'origine terrestre, probablement projetés par des volcans ou produits par la foudre, sont en

---

4. Cité dans Luc Chartrand, Raymond Duchesne, Yves Gingras, *Histoire des sciences au Québec*, Montréal, Boréal, 1987, p. 31.

fait des objets qui tombent du ciel. Une fois admis que le ciel contient toutes sortes de blocs de pierre de diverses grosseurs, le pas est vite franchi pour craindre une collision. Ainsi une belle étoile filante se transforme en bombe et la peur devient une réaction en quelque sorte rationnelle, fruit du calcul des probabilités !

Y.V. — *Aujourd'hui de nombreux scientifiques admettent que la disparition des dinosaures serait, en bonne partie, due à l'impact d'un astéroïde survenu il y a environ 65 millions d'années.*

Y.G. — Cette thèse a longtemps été considérée comme un peu farfelue, mais elle est maintenant devenue crédible depuis que des données empiriques sont venues l'étayer. En novembre 2003, des chercheurs ont publié un article dans la revue Science, suggérant qu'un autre météorite avait heurté la Terre il y a 250 millions d'années et anéanti 90 % des espèces.

Bien que toujours discutés, ces travaux montrent que l'on est devenu très conscient qu'un impact ne relève pas de la superstition ni de la science-fiction. Aux États-Unis, la NASA et l'US Air Force appuient depuis 1998 un projet d'observation systématique des astéroïdes. En juillet 2002, les chercheurs ont d'ailleurs annoncé avoir découvert un astéroïde d'environ deux kilomètres de diamètre (nommé 2002NT7) qui risque d'entrer en collision avec la Terre le 1er février 2019. Cela semble assez près de nous. Il faut dire qu'avec les astéroïdes, il vaut mieux le savoir suffisamment à l'avance pour avoir le temps de les détourner de leur trajectoire. C'est un peu comme les super pétroliers, ça ne tourne pas sur un 10 sous ! Mais comme il faut prédire à long terme, les erreurs de mesure et de calculs sont aussi plus probables. Ces astéroïdes sont soumis à plusieurs forces gravitationnelles sur leur trajectoire et il est difficile d'être précis sur de longues périodes. D'ailleurs, les chercheurs ont depuis continué à observer cet astéroïde et ont conclu que les risques étaient en fait nuls pour 2019 mais redevenaient non nuls pour février 2060 !

Même si les scientifiques s'entendent pour évaluer la fréquence d'une collision majeure à environ une par 50 ou 100 millions d'années, ils réfléchissent déjà à la façon dont on pourrait essayer de modifier la trajectoire d'un astéroïde se dirigeant vers nous. Contrairement aux dinosaures, il est certain que les humains vont le voir venir et tout faire pour le dévier. La publicité accordée à ces prévisions engendre une nouvelle peur qui est ensuite diffusée dans la culture par des films comme *Meteor* en 1978 ou, plus récemment, en 1998, *Deep Impact* dans lequel une équipe d'astronautes américains et russes est chargée d'atterrir sur la comète pour en modifier la trajectoire en y faisant exploser des bombes atomiques, afin d'éviter qu'elle entre en collision avec la Terre. Fait intéressant, dans le film, le FBI doit convaincre une journaliste, ayant eu vent de la catastrophe appréhendée, de ne rien dire avant l'annonce présidentielle pour ne pas semer la panique, alors qu'elle, elle voulait dévoiler un scoop évidemment...

Y.V. — *C'est encore la faute des journalistes !*

Y. G. — Il est évident que, sans les médias, il ne peut y avoir de panique ! Rappelez-vous celle qui s'était emparée de près d'un million d'Américains le 30 octobre 1938 quand l'acteur Orson Welles (1915-1985), lisant le texte d'une pièce tirée du roman *La Guerre des mondes,* avait annoncé à la radio l'invasion des Martiens. On prenait alors conscience de la puissance d'action instantanée de ce nouveau média. Une telle simultanéité n'est pas possible avec les journaux. Mais cela est une autre histoire... Chose certaine, les scientifiques font face à un dilemme : faut-il annoncer une collision calculée comme probable en 2060 ? Garder le silence est impossible, car des journalistes vont fouiner et finir par ébruiter la nouvelle... Ils prennent donc les devants en insistant sur le fait qu'il s'agit simplement d'une probabilité, que de nouveaux calculs seront effectués et qu'il ne faut pas s'inquiéter...

Y.V. — *Et les gens s'inquiètent quand même !*

Y. G. — C'est inévitable. Et parmi eux, les esprits religieux vont croire que c'est la fin du monde tant annoncée par les prophètes, pendant que les esprits scientifiques clameront que ce n'est que le fruit du hasard, ce même hasard qui a été à l'origine de la présence de l'être humain sur Terre.

24

Les guerres et l'internationalisme scientifique

Yanick Villedieu — *On pourrait avoir l'impression qu'en temps de guerre, les scientifiques, comme tous les citoyens, doivent choisir leur camp. Pourtant, Yves Gingras, en fouillant un peu dans l'histoire, vous avez constaté que ce n'était pas toujours le cas : la position et le rôle des scientifiques ont varié considérablement au cours de l'histoire.*

Yves Gingras — Il est clair aujourd'hui que les scientifiques, depuis la Première Guerre mondiale, sont des acteurs importants durant les conflits. Mais cela n'a pas toujours été le cas, la science ayant eu ses belles heures d'internationalisme. Remontons aux XVIIe et XVIIIe siècles, à l'époque des explorateurs. De nombreux bateaux en partance de la France et de l'Angleterre sillonnent les mers et reviennent avec des cargaisons de plantes et d'autres objets exotiques. Or, très souvent, ces pays étaient en guerre et arraisonnaient les bateaux ennemis et saisissaient leurs cargaisons.

Alors que la France et l'Angleterre étaient en conflit, le savant français Réaumur (1683-1757) écrit à Abraham Trembley (1710-1784), un naturaliste suisse qui était en Angleterre, pour l'avertir qu'un vaisseau anglais parti de la nouvelle York (devenue New York) a été saisi par un de leurs corsaires français qui y a trouvé de nombreuses caisses contenant des plantes séchées. Le scientifique qui les avait cueillies avait eu la précaution d'écrire sur les boîtes qu'en cas de saisie, on devait les remettre à M. Bernard de Jussieu, ce qui fut fait ! Cette histoire n'est pas un cas isolé. De nombreux naturalistes prenaient de telles mesures, inscrivant par exemple sur les boîtes contenant leurs précieuses plantes qu'on les envoie à la Société royale de Londres. Ils savaient que, par la suite, les scientifiques s'écriraient et que les collections seraient renvoyées à leur propriétaire sitôt la guerre terminée. Les scientifiques ne se considéraient donc pas en guerre, car la science était pour eux internationale. D'ailleurs, dans une lettre écrite le 13 mars 1746, Réaumur affirmait que « la piraterie ne doit pas s'étendre à ce qui peut intéresser le progrès des sciences ». Et il ajoutait que « si les corsaires anglais avaient été bien convaincus de cette maxime, je n'eusse pas perdu les envois qui m'ont été faits de Cayenne, de nos autres îles de l'Amérique, de Hambourg, etc.[1] ». Réaumur avait lui-même déjà perdu, à cause de la guerre, des collections de plantes très précieuses et se réjouissait de constater que certains corsaires se pliaient aux normes de l'internationalisme scientifique. Dix ans plus tard, dans une lettre du 21 novembre 1756, soit en plein cœur de la guerre de Sept Ans, qui mènera en 1760 à la fin du règne français en Nouvelle-France et au début de la colonisation anglaise, il écrivait toujours à Trembley que « malgré cette guerre, grâce à ce que savent faire vos soins obligeants, et les amis que vous faites agir, j'ai eu le plaisir de voir dans mes cabinets, à mon arrivée, cet éléphant qui avait été pris sur un vaisseau de notre Compagnie des Indes et conduit à Portsmouth[2] ».

Y. V. — *Les savants faisaient donc jouer leurs réseaux pour sauver leurs objets des prises de guerre ! Vous avez également un deuxième exemple qui illustre cet internationalisme scientifique. L'action se situe cette fois durant la guerre d'Indépendance américaine contre l'Angleterre, donc environ trente ans plus tard.*

---

1. De Beer, Gavin, *The Sciences were never at War*, London, Thomas Nelson and sons, 1960, p. 12.

2. *Ibid.*, p. 19.

Y. G. — Comme on peut facilement l'imaginer, les relations sont alors pour le moins tendues entre les États-Unis et l'Angleterre. En 1778, les Américains délèguent comme représentant du Congrès en France Benjamin Franklin (1706-1790), reconnu mondialement à l'époque pour ses travaux sur l'électricité. Au même moment, le capitaine anglais James Cook (1728-1779) quitte l'Angleterre pour aller explorer les îles du Pacifique. Or, lors de son séjour en France, Franklin fait envoyer à tous les capitaines un message demandant à quiconque rencontre la flotte anglaise du capitaine Cook d'avoir les plus grands égards à son endroit et de lui accorder soutien, au nom de la science. Cook se promène sur les mers du monde au nom de la science et non pour propager la guerre. Le ministre de la Marine française émet à ce sujet un édit que tous doivent respecter. Il s'agit, encore une fois, d'un bel exemple d'internationalisme scientifique.

Pour montrer que ces exemples ne sont pas de simples anec-dotes mais bien le signe d'un véritable respect pour la science, je vais donner un dernier exemple ayant pour toile de fond les guerres napoléoniennes du début du XIXe siècle. On sait que Napo-léon vouait un grand respect aux sciences. Il s'était d'ailleurs fait élire membre de l'Institut de France, renommé ainsi après la Révo-lution pour effacer la référence à la royauté dans l'ancienne Aca-démie royale des sciences de Paris, fondée par Louis XIV en 1666. Napoléon avait créé un prix, le Prix décennal de la science, accordé à la découverte la plus importante, où qu'elle fût faite dans le monde. Or, en décembre 1808, l'Institut se réunit, délibère et annonce que le prix est accordé à Humphry Davy (1778-1829), un Britannique, pour sa découverte d'un nouvel élément : le chlore. On pouvait lire dans les journaux britanniques des titres deman-dant qu'Humphry Davy refuse ce prix accordé par l'ennemi, par Napoléon lui-même ! Davy y répond en déclarant que si leurs gou-vernements étaient en guerre, les hommes de science, eux, ne l'étaient point. Non seulement Davy accepte le prix, mais en 1813, les circonstances font en sorte qu'il peut aller le chercher lui-même à l'Institut, alors que les deux pays sont toujours en guerre.

Y. V. — *Ces exemples nous montrent une science au-dessus de la guerre. Malheureusement, cette donne va changer au XXe siècle, siècle de guerres et de massacres.*

Y. G. — La Guerre de 1914 est l'occasion d'une première brèche d'importance dans ce qu'on peut appeler l'idéal internationaliste de la science. Il faut dire qu'aux XVIIIe et XIXe siècles, la botanique ne constitue pas un savoir technique très intéressant pour les généraux. Au XXe siècle cependant, les avancées de la chimie et de la physique commencent à présenter un intérêt certain pour les pays en guerre. Les scientifiques deviennent alors des rouages importants de la guerre. Les historiens ne parlent-ils pas souvent de *guerre des chimistes* pour décrire la Première Guerre mondiale ?

Y. V. — *Lors de cette Première Guerre mondiale, la participation des scientifiques est donc très importante. En plus des chimistes, on y trouve aussi de nombreux physiciens.*

Y. G. — Alors que les chimistes allemands inventent des explosifs et, pour la première fois dans l'histoire de l'humanité, utilisent des armes chimiques contre leurs ennemis, on le verra plus loin, les physiciens de tous les pays mettent au point le sonar pour localiser les batteries adverses et les sous-marins, autre nouveauté, et démagnétisent les bateaux pour leur permettre d'éviter les mines magnétiques.

Une autre nouveauté de cette guerre est l'intervention sur le plan idéologique, si l'on peut dire, de scientifiques allemands dénonçant les pays européens qui forcent l'Allemagne à faire la guerre. Le célèbre « Appel des intellectuels allemands au monde civilisé » lancé le 4 octobre 1914, soit environ deux mois après les débuts de la guerre, se voulait une protestation des « représentants de la science allemande et de l'art allemand [...] devant le monde civilisé tout entier contre les mensonges, contre les calomnies dont nos ennemis prétendent souiller la cause pure de l'Allemagne, dans la difficile lutte pour l'existence qui lui a été imposée ». Suit une série de paragraphes débutant par « Il n'est pas vrai que… » et dénonçant les attaques de la « propagande » ennemie. Cette lettre qui a eu un grand retentissement à l'époque était signée par 93 savants de toutes disciplines, dont la plupart des scientifiques les plus connus de l'époque, notamment six prix Nobel dont Wilhelm Röntgen, Wilhelm Wien, et d'autres grands noms de la science allemande comme le physicien Max Planck, futur prix Nobel de physique (1918) et le chimiste Fritz Haber (prix Nobel de chimie, 1918). Patriotes (ou nationalistes, selon les points de vue), ces intellectuels rejettent l'idée selon laquelle l'Allemagne serait responsable de la guerre contre les Alliés alors qu'elle n'a fait, selon eux, que se défendre. En prenant ainsi position, les scientifiques allemands brisaient une longue tradition d'internationalisme scientifique. Bien sûr, face à cette rhétorique, les savants des pays alliés ont mal réagi. Pendant plusieurs années les savants européens ont insisté pour que l'Allemagne, finalement battue en 1918, soit bannie des grands congrès internationaux. Il faut attendre les années 1920 pour que la poussière retombe et que l'on laisse finalement de côté les vieilles querelles.

Y. V. — *Vous avez mentionné le nom de Fritz Haber. N'est-ce pas le chimiste qui est à l'origine de l'utilisation d'armes chimiques contre les armées françaises et canadiennes à Ypres en 1915 ?*

Y. G. — C'est bien lui, mais les premières armes chimiques furent, en fait, des gaz lacrymogènes remplissant des grenades utilisées par l'armée française en août 1914. Elles n'avaient qu'un effet irritant, mais le bal était lancé. Haber suggéra d'abord le chlore, assez peu efficace, et développa ensuite des produits plus dangereux, le plus connu étant le fameux et surtout plus meurtrier « gaz moutarde » mis au point par les chimistes allemands en 1917.

Notons que Fritz Haber (1868-1934) était un grand chimiste. Une fois la guerre terminée, l'Académie royale de Suède reprend la remise annuelle des prix Nobel et annonce, en 1919, que le prix pour l'année 1918 sera remis à Haber pour sa synthèse de l'ammoniac! Évidemment, la réprobation est générale parmi les scientifiques européens qui crient au scandale. Les scientifiques français demandent qu'on lui retire le prix, ce à quoi le comité Nobel répond : nous lui donnons le prix Nobel de chimie pour la synthèse de l'ammoniac, une découverte scientifique majeure. Nous voyons donc que, malgré cette tentative d'après-guerre d'un retour à un internationalisme scientifique, la dynamique est rompue même si les membres du comité Nobel font tout pour sauver l'idéal de la science objective, neutre et internationale.

Y.V. — *La Seconde Guerre mondiale rendra le rôle des scientifiques encore plus central, surtout quand on pense à la mise au point du radar et de la bombe atomique.*

Y. G. — On est loin de l'innocence des savants des XVIIIe et XIXe siècles. Vers la fin de la Seconde Guerre mondiale, lors de la chute de l'Allemagne, les Américains enlèvent secrètement plusieurs grands savants allemands, dont Werner Heisenberg, Max von Laue (1879-1960) et Otto Hahn (1879-1968), pour les emmener en Angleterre dans un lieu secret. Les Alliés croient que ces scientifiques possèdent des connaissances concernant la bombe atomique. On enregistre toutes leurs conversations pour finalement découvrir que, dans la course à la bombe, les Allemands traînent loin derrière les Américains. On ne considère plus les scientifiques comme neutres, mais bien comme partie prenante de la recherche militaire. La technicisation de la guerre entraîne la fin de cet internationalisme scientifique très généreux mais aussi, finalement, très naïf.

Y.V. — *C'est la fin de l'innocence, comme le dit le physicien Robert Oppenheimer après l'explosion de la première bombe atomique, en juillet 1945, dans le désert du Nouveau-Mexique.*

CINQUIÈME PARTIE

Sciences et religions

25

Les scientifiques croient-ils
en Dieu ?

Yanick Villedieu — *Nous abordons maintenant la question des rapports entre sciences et religions. Commençons par une question simple et directe : les scientifiques croient-ils en Dieu ?*

Yves Gingras — En juillet 1998, des chercheurs ont fait paraître dans la revue britannique *Nature* les résultats d'un sondage dans lequel ils posaient la question suivante à des scientifiques : croyez-vous en un dieu personnel ? On fait référence ici à un dieu issu des grandes religions monothéistes, et non pas à un dieu newtonien, distribué dans l'espace ou au dieu d'Einstein, immanent dans l'univers comme celui du philosophe Spinoza. La population visée comprenait deux échantillons. Le premier incluait l'ensemble des scientifiques ; le deuxième se limitait à l'élite scientifique, soit la fraction supérieure la plus reconnue et qui comprend par exemple les membres de l'Académie nationale des sciences des États-Unis. Les chercheurs trouvent alors un taux très faible de croyants du côté de la communauté scientifique générale : seulement 40 % déclarent croire en l'existence d'un dieu personnel. Du côté de l'échantillon de l'élite, le taux de croyance en un dieu personnel baisse même à 7 %.

Y.V. — *Donc 93 % de l'élite scientifique ne croit pas en un dieu personnel.*

Y. G. — En fait, de façon plus précise, 72 % n'y croient pas et 20 % sont agnostiques. Le taux d'incroyance est donc beaucoup plus élevé dans la communauté scientifique que dans la population en général. Le ratio est même inverse. On estime en effet entre 60 % et 75 % la proportion de la population américaine qui serait croyante.

Y. V. — *Pour l'ensemble de la communauté scientifique, il reste tout de même environ 40 % de croyants, comparé à seulement 7 % parmi l'élite scientifique.*

Y. G. — En fait, il s'agit de moins de 40 %, car il faut soustraire de ce pourcentage les agnostiques, c'est-à-dire ceux qui ne savent vraiment pas si Dieu existe ou non, ce qui donne un résultat davantage de l'ordre de 25 %.

Y. V. — *Ce sondage a été publié en 1998. Était-ce la première fois qu'on tentait de savoir si les scientifiques croyaient ou non en un dieu personnel ?*

Y. G. — Non. Le point de départ des deux chercheurs était une enquête qui avait été effectuée au début du siècle. En 1914, le psychologue américain James H. Leuba (1867-1946) s'était penché sur le sujet, pour ensuite publier ses résultats en 1916 dans un livre intitulé *La Croyance en Dieu et en l'immortalité, une étude statistique, psychologique et anthropologique*. Leuba a ensuite fait une mise à jour de son enquête en 1933. L'enquête effectuée en 1998 a donc été calquée sur celle de Leuba, de façon à pouvoir comparer les résultats. Ceci est important, car on sait que la formulation de la question peut induire une partie de la réponse.

Y. V. — *On a donc posé exactement la même question qu'en 1914 : « Croyez-vous en un dieu personnel ? »*

Y. G. — En 1914, 27 % de l'élite scientifique disait croire en l'existence d'un dieu personnel. L'enquête réalisée en 1933 démontrait que ce pourcentage chutait à 15 %. En 1998, comme nous venons de le voir, ce taux était de 7 %. Le taux de croyance a donc chuté de moitié une première fois, entre 1914 et 1933, puis de moitié à nouveau entre 1933 et 1998.

Y. V. — *On assiste vraiment à une érosion de la croyance en un dieu personnel.*

Y. G. — Ce qui est vraiment intéressant par contre, c'est la stabilité du taux d'agnostiques. Ils étaient 20 % en 1914, 17 % en 1933 et 20 % en 1998. Donc *grosso modo,* en tenant compte de la marge d'erreur, on peut affirmer que 20 % des scientifiques de l'élite sont agnostiques. Ces derniers n'ont donc pas d'opinion lorsqu'on leur pose la question : existe-t-il un dieu personnel ou non ?

Y. V. — *Une deuxième question était posée : croyez-vous en l'immortalité de l'âme ?*

Y. G. — Les réponses obtenues pour cette question étaient fortement corrélées aux réponses à la question sur la croyance en un dieu personnel. On s'y attendait un peu, mais il est important de toujours vérifier empiriquement, car il peut y avoir des surprises. En 1998 donc, 7 % croient en l'immortalité de l'âme, ce qui correspond bien sûr au pourcentage de croyants en un dieu personnel. La corrélation est très forte entre ces deux croyances qui vont de pair.

Y. V. — *Seulement 25 % de la communauté scientifique américaine croit en un dieu personnel, ce qui est, somme toute, très peu. Toutefois, depuis le milieu des années 1990, apparaissent sur les présentoirs des librairies toutes sortes de livres faisant référence à un dieu, à une sorte de grand mécanisme théiste qui serait à la base du fonctionnement de l'univers. Certains de ces auteurs sont des physiciens éminents. Eux, croient-ils en Dieu ?*

Y. G. — Il y a effectivement apparence de contradiction. Vous faites probablement référence au livre du Prix Nobel de physique Leon

Lederman, *The God Particle : If the Universe Is the Answer, What Is the Question ?* Fait intéressant, il fut traduit en français sous le titre *Une sacrée particule*, délaissant ainsi le caractère religieux trop prononcé du titre original, que la maison d'édition a probablement trouvé peu attirant pour un public français. Un autre physicien, Frank Tipler, a publié un livre intitulé *La Physique de l'immortalité*. On peut aussi penser au grand physicien Stephen Hawking qui déclare voir Dieu dans ses équations. Sans pouvoir sonder leur cœur, il faut toutefois noter que ces discours sont destinés au grand public. Comme on le verra au chapitre suivant, on utilise une certaine rhétorique pour montrer que la science n'est pas nécessairement en contradiction avec les valeurs générales de la population. Pourtant, les enquêtes suggèrent plutôt que la science est souvent en contradiction avec certaines croyances religieuses.

Un peu avant la parution du sondage à l'été de 1998, un grand débat sévissait aux États-Unis sur le rôle des fondamentalistes dans l'opposition à l'enseignement de la théorie de l'évolution. Ce débat avait amené le président de l'Académie nationale des sciences des États-Unis, Bruce Alberts, à déclarer publiquement que de nombreux membres éminents de l'Académie, parmi lesquels plusieurs biologistes, croyaient en la théorie de l'évolution, tout en étant très religieux. Cette affirmation était faite quelques mois avant la parution de l'enquête qui nous occupe, enquête montrant que très peu des membres de l'élite scientifique étaient croyants (environ 7 %, comme on l'a vu plus haut). L'écart entre les deux affirmations ne fait que confirmer la valeur purement rhétorique de l'intervention d'Alberts qui vise en fait à ne pas s'aliéner une population plutôt fondamentaliste. Il est clair qu'il existe une corrélation négative entre la pratique scientifique et la croyance en un dieu personnel. Il ne s'agit pas d'une nécessité, mais d'un constat sociologique. Les tentatives rhétoriques qui tentent de concilier science et religion sont des discours que certains peuvent propager, mais qui ne correspondent pas à la réalité statistique. Il faut toujours distinguer les anecdotes, qui moussent la foi de tel ou tel grand savant, des résultats provenant d'un échantillon statistique bien construit qui permet de mesurer la tendance réelle qui prévaut au sein d'une population. Et les données montrent assez clairement que les scientifiques sont en général beaucoup moins croyants que l'ensemble de la population. Il est même aussi probable qu'il existe une corrélation négative entre la foi en un dieu personnel et le degré d'éducation. Après tout, ce n'est peut-être pas un hasard si la religion catholique s'est longtemps opposée à l'école obligatoire.

26

Les scientifiques et le mysticisme

Yanick Villedieu — *On a fait allusion, dans notre échange précédent, aux écrits de scientifiques qui font vibrer la fibre religieuse pour ne pas s'aliéner une population qui reste, aux États-Unis du moins, très religieuse. Depuis la fin du XXe siècle, on assiste à ce qui semble être une remontée de l'irrationnel. Il vaut la peine de revenir plus en détail sur cette question, car vous semblez suggérer que certains scientifiques alimentent eux-mêmes cette remontée du mysticisme.*

Yves Gingras — De façon frappante dans les années 1990, des scientifiques de renom, souvent des physiciens, ont publié une multitude de livres aux titres ésotériques. Rappelons *La Physique de l'immortalité* de Frank Tipler, publié en 1995, *Dieu et la nouvelle physique* de P. C. W. Davies paru en 1983 ou encore *La Particule de Dieu* du physicien et Nobel Leon Lederman, publié en 1993, pour n'en nommer que quelques-uns.

Y. V. — *J'ai d'ailleurs souvenir d'un livre paru au milieu des années 1970 qui avait beaucoup fait parler et qui portait, lui aussi, un titre assez intéressant :* Le Tao de la physique, *de Fritjof Capra.*

Y. G. — La parution de ce livre constitue, en quelque sorte, le point de départ de cette remontée du mysticisme. Dans *Le Tao de la physique,* Capra tentait de démontrer que les intégrales et les signes mathématiques utilisés dans les équations de la théorie quantique des champs s'apparentaient à d'anciens textes mystiques indiens. À mon avis, il s'agissait d'une vaste blague, mais le bouquin s'est tout de même vendu à des millions d'exemplaires et est constamment réimprimé. On pourrait dire que l'argumentaire du livre de Capra, c'est un peu « gros ». Prenons des exemples plus probants. En 1979, Ilya Prigogine (1917-2003), prix Nobel de chimie, écrit en collaboration avec la philosophe Isabelle Stengers un ouvrage qui aura une grande influence : *La Nouvelle Alliance*. Le titre n'est pas anodin. Il constitue une réponse au livre célèbre d'un autre Prix Nobel, Jacques Monod, intitulé *Le Hasard et la Nécessité*. Publié en 1970, l'auteur y déclarait qu'au fond, l'univers est une vaste machine dans laquelle l'homme était un étranger, simple fruit du hasard et des lois de la nature.

Y.V. — *Aux yeux du biologiste français, la présence de l'être humain sur Terre serait ainsi due au hasard et son existence n'aurait aucun sens transcendant.*

Y. G. — Pour Monod en effet la vie n'est que le produit improbable de l'évolution. Sa conception donnait à la science une image un peu mécanique, externe à la vie. Près de dix ans plus tard, en 1979, Prigogine affirme qu'au fond, grâce aux travaux plus récents de la thermodynamique des processus irréversibles — pour lesquels il obtint le prix Nobel —, la science est intimement liée à la vie et se découvre aujourd'hui une écoute poétique de la nature. Prigogine veut nous convaincre que la science, au fond, c'est la poésie, la vie, le changement, et non la mécanique déprimante que décrit Monod.

Y.V. — *Nous sommes toutefois encore loin du mysticisme de Capra...*

Y. G. — Oui, mais on ouvre la porte, progressivement. D'autres y entreront de plain-pied, surtout dans les années 1990, le titre de certains livres de vulgarisation en faisant foi, comme je l'ai dit plus haut. On peut se demander qui constitue le lectorat de ce genre de livres. Sur le site Internet Amazon.com, librairie en ligne, il existe une fonction qui permet de connaître les co-achats, c'est-à-dire les livres achetés par les mêmes personnes. Cela est fort intéressant sur le plan sociologique, car cette fonction nous permet de savoir, pour un livre donné, quels autres livres les acheteurs se sont procurés. En ordre décroissant, voici les livres les plus vendus avec *La Physique de l'immortalité* de Frank Tipler : *Le Principe cosmologique anthropique* (Barrow et Tipler), un livre frôlant le mysticisme qui s'extasie devant le fait (tautologique) que si les principales constantes de la nature (charge électrique et constante de Planck par exemple) avaient des valeurs un tant soit peu différentes, alors la vie humaine ne serait pas apparue. Aussi bien dire que si Mars était exactement comme la Terre alors y vivraient des êtres humains... Autres ouvrages sur la liste : *Le Cinquième Miracle, Dieu et la nouvelle physique* et enfin *The Mind of God*, tous du physicien P. C. W. Davies.

Y.V. — *L'esprit de Dieu ?*

Y. G. — Oui : l'esprit de Dieu, et, en sous-titre : *les bases scientifiques d'un monde rationnel*. Prenons un autre livre dans cette librairie en ligne : *The God Particle*, écrit par le Prix Nobel de physique Leon Lederman. On constate que le livre a été acheté en même temps que *Lost Discoveries* (D. Teresi), volume portant sur les racines anciennes de la science moderne et jonglant avec l'idée des découvertes disparues. On voit donc que les auteurs jouent sur l'ambiguïté, sur la fibre mystique, tout comme on le fait dans la fameuse série américaine de science-fiction et de suspense *X-Files*, dans laquelle on navigue constamment entre la science, la fiction et surtout le mystère. Le choix de ces titres est loin d'être naïf... Davantage qu'en France ou en Angleterre, ces livres se vendent aux États-Unis où existe un important courant fondamentaliste. Le titre *La Particule de Dieu* est un bon exemple. Il est plus stratégique et joue sur les frontières. Le livre paraît en 1993, dans le contexte de débats sur la construction d'un super-accélérateur de particules. Cet accélérateur coûtait des milliards de dollars... « La particule de Dieu » dont parle Lederman est en fait ce qu'on appelle en physique la particule de Higgs.

Y. V. — *Le fameux boson de Higgs prédit par la théorie mais jamais encore détecté.*

Y. G. — Ce fameux boson aurait dû être découvert à l'aide de cet accélérateur, qui n'a finalement jamais vu le jour. Pourquoi choisir de vendre l'idée de l'accélérateur en misant sur la particule de Higgs ? En fait, la particule en soi importe peu, mais on peut présenter les choses sous un autre angle : cette entité nous permettrait de comprendre, au fond, l'origine de l'univers. C'est la particule de Dieu ! Cet usage à la limite du cynisme a même été réprouvé par certains scientifiques qui ont accusé Lederman de pousser l'analogie un peu loin.

Un autre aspect, souvent en jeu dans l'écriture de ces livres et dans le choix de leur titre, c'est évidemment l'appât du gain. Ces livres sont de gros vendeurs et rapportent donc beaucoup d'argent. Ce n'est pas tout. On peut aussi décrocher le gros lot ! La fondation Templeton, établie au milieu des années 1980, octroie chaque année des centaines de milliers de dollars en subventions, ainsi qu'un prix annuel de plus d'un million de dollars.

Y. V. — *Il s'agit presque d'un prix Nobel…*

Y. G. — Templeton s'assure que la valeur de son prix dépasse celle du prix Nobel. Le prix est donné aux individus qui ont le plus contribué à stimuler la réflexion sur les relations entre science et religion. Il est donc peu surprenant d'apprendre que le premier prix Templeton décerné à un scientifique l'a été à nul autre que P. C. W. Davies, en 1995. Cet auteur est sûrement celui qui a écrit le plus grand nombre d'ouvrages dont les titres comportent les mots Dieu, science, esprit, âme. Davies est un physicien reconnu qui publie toujours dans les revues savantes, ce qui lui donne une grande légitimité. Il semble toutefois avoir le temps d'écrire aussi des livres de vulgarisation…

Y. V. — *Mais dites-moi, Yves Gingras, les scientifiques qui publient ce genre d'ouvrages sont-ils représentatifs de leur communauté ?*

Y. G. — Je crois que la majorité des scientifiques sont plutôt sceptiques devant de tels exercices, sinon même cyniques, se disant que
si cela fait aimer la science, c'est le prix à payer. Ce n'est donc pas
tant la représentativité qui est importante, ici, que la crédibilité.
Bien sûr, il ne s'agit pas non plus de remettre en cause la sincérité
des croyances de ces scientifiques, mais de noter que lorsqu'un
prix Nobel de physique parle de la particule de Dieu, ça donne
nécessairement du poids à ses arguments, crédibilité qui ne serait
pas accordée à un inconnu qui serait plutôt considéré comme un
illuminé s'il disait les mêmes choses. Les physiciens critiquent
généralement la montée du mysticisme, mais devraient d'abord
s'appliquer à nettoyer leurs propres écuries. On trouvait dans la
revue *Science* un compte rendu d'une page et demie sur le livre
The Physics of Immortality. Ce compte rendu n'est en rien une critique, au sens véritable du terme. Au contraire, on y dit que le livre
est très intéressant, stimulant. Un regard critique aurait soulevé le
fait que les dizaines de pages d'équations qu'on trouve dans ce
livre de vulgarisation ne sont que de la poudre aux yeux et n'ont
rien à voir avec la démonstration de l'immortalité de l'âme. Mais
les scientifiques sont très indulgents envers leurs confrères, car ils
n'aiment pas laver leur linge sale en public. On préfère ne pas trop
se critiquer entre pairs. Attaquons plutôt le mysticisme, qui vient
de l'extérieur, et les charlatans qui dépassent réellement les bornes.
Je soutiens, au contraire, qu'il faut être plus sévère avec des scientifiques renommés qui racontent des sornettes qu'avec de simples
astrologues qui s'amusent à la radio à prédire ce qui vous arrivera
la semaine prochaine. Chose certaine, ceux et celles qui décident
de se diriger vers les sciences après lecture de ces bouquins seront
déçus de constater qu'ils ne rencontreront jamais Dieu dans un
accélérateur de particules.

27

Atomisme et transsubstantiation

Yanick Villedieu — *Dans la longue histoire des relations entre sciences et religions, il existe un épisode curieux et peu connu : le débat sur l'atomisme et la transsubstantiation. Rappelons d'abord que la transsubstantiation est cette opération miraculeuse qui, au moment où le prêtre bénit le pain et le vin, transforme le pain de l'hostie en corps du Christ et le vin contenu dans le calice en sang du Christ. Mais en quoi ce dogme de l'Église catholique peut-il être lié à l'atomisme, doctrine qui dit simplement que le monde matériel est constitué d'atomes ?*

Yves Gingras — Il faut d'abord noter que le grand mot de transsubstantiation en contient deux : trans et substance. Le préfixe *trans* vient du latin et signifie changement. L'opération mystérieuse de transsubstantiation consiste donc à changer la nature même des substances. Or, si l'on croit que ces substances — ici le pain et le vin — sont composées d'atomes, alors cela revient à changer la nature des atomes, ce qui est impossible selon les atomistes. Ce serait une forme d'alchimie, qui tente par exemple de changer le plomb en or, transmutation impossible selon la théorie atomique.

La transsubstantiation constitue une notion fondamentale du catholicisme. Elle fait l'objet de nombreux débats au fil des siècles. Au Moyen Âge, par exemple, plusieurs considèrent que la transsubstantiation pose un problème théologique fondamental. Se développe alors un courant qu'on pourrait appeler de « théologie rationaliste », qui tente de comprendre le phénomène de la transsubstantiation à partir de la science de l'époque. Dans le monde chrétien, cette science provient essentiellement des travaux d'Aristote, notamment de ses travaux de physique, redécouverts aux XIe et XIIe siècles par le biais des traductions arabes. À la lumière de la science aristotélicienne, les rationalistes s'interrogent : comment est-ce possible que le pain, après transsubstantiation, ait toujours l'apparence et le goût du pain alors que sa substance est changée ?

Y. V. — *Même questionnement à propos du vin qui devrait goûter le sang et non le vin.*

Y. G. — De nombreux débats théologiques sont issus de cette question. Ils perdurent au cours des siècles. De ces débats se dégageront deux grandes approches : la transsubstantiation, telle que décrite plus haut, et la consubstantiation. La première doctrine sera fixée par le théologien dominicain Thomas D'Aquin (1225-1274) à partir de la philosophie d'Aristote. Ce théologien réussira à christianiser la philosophie d'Aristote (évidemment païenne puisque Aristote a vécu au IVe siècle avant la naissance de Jésus-Christ).

Y. V. — *Mais qu'est-ce au juste que la consubstantiation ?*

Y. G. — Cette seconde doctrine, dont se réclamera le franciscain Guillaume D'Occam (1290-1349) au XIVe siècle, proposera qu'il n'y ait pas transsubstantiation au sens strict, mais plutôt consubstantiation, c'est-à-dire la présence simultanée des deux substances. En d'autres mots, la substance du pain et le corps du Christ sont tous deux présents dans l'hostie après la bénédiction. Cette thèse sera toutefois rejetée par l'Église officielle qui s'en tiendra aux écrits des Évangiles dans lesquels on parle bien de transformation, donc de transsubstantiation. C'est cette interprétation, portée par Thomas D'Aquin, qui deviendra dominante et sera transformée en dogme par le Concile de Trente (de 1545 à 1563) au cours duquel les théologiens se pencheront sur un grand nombre de problèmes.

Y. V. — *C'est l'époque où le protestantisme fait rage en Europe et inquiète beaucoup l'Église catholique jusque-là unie et dominante.*

Y. G. — Depuis 1517, Martin Luther (1483-1546) propageait ses propres conceptions sur l'Église, affirmant entre autres que cette histoire de transsubstantiation n'était pas acceptable. Il faut plutôt adopter une attitude plus pragmatique et parler de consubstantiation. Si l'hostie a toujours le goût du pain après la bénédiction, c'est tout simplement parce qu'elle contient encore la substance du pain. Bien sûr, Dieu est également présent dans l'hostie bénie, d'où le concept de consubstantiation. Le Concile de Trente s'opposera fermement à cette vision et décrétera que la transsubstantiation est un dogme de l'Église catholique, ce qui aura de nombreuses conséquences. Qui dit dogme dit, pour les catholiques, cessation des débats sur le sujet ; les discussions théologiques sur la transsubstantiation sont maintenant closes. Du même coup, le Concile de Trente nomme Thomas D'Aquin docteur de l'Église catholique. En d'autres termes, il est sacré détenteur de la vérité absolue. Cela marque la fin des discussions et le début du dogmatisme sur cette question.

Y. V. — *Mais quel est le lien entre cette histoire de théologie et la science contemporaine ?*

Y. G. — J'y viens. On assiste au XVIIe siècle à un retour de l'atomisme. Cette théorie de la constitution du monde physique avait été critiquée sévèrement par Aristote et demeura marginale tant que la philosophie d'Aristote domina le monde savant, soit justement jusqu'au début du XVIIe siècle. Un des livres les plus importants décrivant la philosophie atomiste sera *L'Essayeur,* écrit par Galilée en 1623. Galilée y fait des remarques particulièrement intéressantes sur l'atomisme et déclare que l'atome possède bien des qualités premières, qui lui sont propres, mais que ce qu'on appelle les « qualités secondes » ou les « accidents » dans la terminologie scolastique — qui déterminent le goût, le toucher, l'odeur — sont en fait le fruit de l'interaction des objets avec les organes du corps humain. Or, dans la théorie aristotélicienne de la matière, telle qu'elle est comprise à l'époque, la matière elle-même possède à la fois des qualités premières et des qualités secondes, comme un noyau (qualité première) recouvert d'une pelure (qualités secondes). Pour les atomistes au contraire, la matière n'a que des qualités premières, donc pas de pelure. C'est l'interaction directe du noyau avec notre main ou notre langue qui définit les qualités secondes que sont les sensations. Cette approche a des conséquences théologiques importantes. Les jésuites, entre autres, soulèveront immédiatement la question, car ils ont compris très vite que l'atomisme est incompatible avec le dogme de la transsubstantiation.

Peu de temps après la publication de *L'Essayeur,* une lettre anonyme est envoyée à l'Inquisition pour dénoncer Galilée. Selon l'historien Pietro Redondi, qui a étudié cette affaire dans son ouvrage *Galilée hérétique,* l'auteur serait en fait le père jésuite Orazio Grassi, un de ses ennemis.

Y. V. — *Il faut dire que depuis que Galilée a publié en 1610 son ouvrage* Le Messager *céleste dans lequel il faisait connaître au monde entier les découvertes qu'il fit avec son télescope et qui remettaient en cause toute l'astronomie, il s'était fait des ennemis parmi les philosophes et les théologiens.*

Y. G. — Il ne se gênait pas pour faire connaître ses opinions, qu'elles soient en accord ou non avec les dogmes catholiques et il le faisait souvent dans un style très ironique qui ridiculisait ses adversaires. Or, Grassi avait fait les frais de la plume acide de Galilée dans une controverse sur les comètes, survenue en 1618-1619. À la suite de la sortie du livre de Galilée, le présumé Grassi aurait donc sauté sur l'occasion et écrit une lettre afin de dénoncer le fait que, si l'on admet la doctrine atomiste de Galilée, « il semble qu'elle pose[rait] de très grandes difficultés à l'existence des accidents du pain et du vin qui dans le Saint Sacrement sont séparés de leur propre substance ». L'auteur de cette lettre a donc immédiatement mis le doigt sur le problème théologique que posait l'atomisme, cette nouvelle science moderne. Rappelons brièvement que dans la doctrine d'Aristote, les substances ont deux qualités : leurs qualités premières, substantielles, et leurs qualités secondes, les « accidents ». Reprenons notre analogie d'un noyau ayant une pelure. Si on change le noyau sans changer la pelure, ce que l'on goûte, c'est la pelure, et il n'y a rien de changé en apparence. Mais si on dit qu'il n'y pas de pelure, que le goût n'est pas dû à la pelure, mais à l'interaction directe entre notre langue et le noyau, alors le goût ne peut plus être le même si on change le noyau. L'atomisme enlève la pelure des qualités secondes qui est nécessaire, dans la théologie catholique, pour expliquer le miracle de la transsubstantiation. Car sans la pelure des qualités secondes, la transformation de la substance (du noyau) implique nécessairement une modification des sensations. Ce qui est contraire à l'expérience, car on ne sent que le goût, bien sûr, du pain et du vin, pas du corps et du sang du Christ.

Y. V. — *On comprend ainsi pourquoi la philosophie d'Aristote est essentielle à la théologie chrétienne. Nous avons donc ici un bel exemple d'affrontement entre science et doctrine théologique.*

Y. G. — Bien que la condamnation de Galilée en 1633 pour avoir promu la théorie copernicienne soit plus connue, cet épisode obscur autour de l'atomisme est en fait plus radical, car il concerne un véritable dogme de l'Église catholique. Que la Terre soit au centre de l'univers était accepté par l'Église comme conforme au contenu de la Bible mais cela n'était pas, du strict point de vue du droit canon, un dogme de l'Église. Par contre, la transsubstantiation est bien un dogme et s'en écarter mène à l'excommunication. Pour rendre ce dogme compatible avec le sens commun, la théologie s'est fondée sur la science de son temps : la physique d'Aristote et sa théorie des substances et des accidents. La science évoluant, il est inévitable que les interprétations fondées sur Aristote deviennent incompatibles avec les nouvelles connaissances acquises. Les grands savants qui viendront après Galilée, comme Descartes et Leibniz, auront du mal à concilier leur théorie de la matière avec le dogme de la transsubstantiation. Descartes, par exemple, sera vague et suggérera discrètement une forme de consubstantiation. Pour un savant comme Newton, qui était protestant, aucune explication n'était nécessaire, car ce dogme était simplement rejeté comme une absurdité.

Y.V. — *Mais qu'est-il arrivé à Galilée sur cette question ?*

Y. G. — Aucune suite ne fut donnée à la plainte anonyme, car Galilée avait quelques amis à Rome. En effet, un théologien plutôt favorable à ses idées rédigea le rapport d'enquête et il déclara un non-lieu.

L'intérêt de cet épisode réside dans le fait que, pour la première fois dans l'histoire, une nouvelle théorie de la matière, l'atomisme, entrait en conflit direct avec un dogme de l'Église catholique. Si la théorie aristotélicienne de la matière rendait possible une explication rationnelle de la transsubstantiation en distinguant la substance des accidents, une telle explication s'évapore avec la théorie atomique. On peut même dire que, du point de vue atomistique, le miracle serait double : en plus de modifier la substance, il modifierait notre perception de la matière transformée, alors que du point de vue aristotélicien, il n'y a qu'un seul miracle, car les qualités secondes restent inchangées et ce sont elles qui déterminent nos sensations. Un miracle pouvait être difficile à avaler, deux c'était trop... La seule solution face à cela — car, faut-il le rappeler, la théorie atomique est encore acceptée de nos jours — consiste à abandonner toute explication rationnelle et à s'en remettre à la foi, ou à admettre que l'Eucharistie est un symbole et non un miracle renouvelé chaque dimanche...

28

Le suaire de Turin face à la science

Yanick Villedieu — *Yves Gingras, vous rappelez à notre mémoire l'histoire du suaire de Turin, ce linceul qui aurait servi à envelopper le corps de Jésus après sa mort. Comme c'est souvent le cas dans ce genre d'histoire, certains affirment que ce drap est authentique alors que d'autres le déclarent faux. Et c'est la science qui va trancher. Mais tout d'abord, dites-nous quelques mots sur l'histoire de cette célèbre relique.*

Yves Gingras — Au milieu du XIVᵉ siècle, on assiste à la première apparition historique du suaire à Lirey, en Champagne. Pierre D'Arcy, évêque de Troyes, écrit à l'antipape d'Avignon, Clément VII. Le sujet de la missive est pour le moins important : des gens se promènent un peu partout, présentant un drap sur lequel on verrait l'empreinte du visage du Christ et soutirent de l'argent aux passants qui souhaiteraient voir la prétendue relique, ce qui est pour le moins scandaleux.

Y. V. — *Ce drap est donc le suaire auquel on fait référence de nos jours, mentionné pour la première fois plus de 1 300 ans après la mort du Christ.*

Y. G. — On trouvera par la suite le suaire à divers endroits. Deux siècles plus tard, en 1532, il est dans la Sainte-Chapelle de Chambéry, alors capitale de la Savoie. L'église fut la proie des flammes et une partie du suaire fut brûlée. On peut encore voir sur le suaire des traces de cet incendie.

Y.V. — *Pourquoi l'appellation de suaire de Turin ?*

Y.G. — En 1578, la relique se retrouvera à Turin, pour y demeurer jusqu'à nos jours.

Y.V. — *L'authenticité du suaire a-t-elle toujours été controversée ?*

Y.G. — L'Église officielle, c'est-à-dire Rome, n'a jamais déclaré la relique authentique. On a préféré laisser planer l'ambiguïté plutôt que de risquer de se tromper. Toutefois, dès les débuts, l'authenticité du drap était mise en doute. Dans sa fameuse lettre à Clément VII au Moyen Âge, l'évêque de Troyes mentionnait que son prédécesseur, Henri de Poitiers, affirmait avoir obtenu les confessions d'un artiste qui avouait avoir peint l'image. Certains y croient et d'autres non et ce même parmi les fidèles, certains considérant que l'importance accordée aux reliques ne sert pas nécessairement la religion. La controverse perdure pendant des siècles sans qu'on ne tente de confirmer ni d'infirmer scientifiquement l'authenticité de cette image unique du Christ.

Y.V. — *À quel moment la science se mêle-t-elle enfin du débat entourant l'authenticité du suaire de Turin ?*

Y.G. — Les scientifiques commencent à s'intéresser à la question au début du XXe siècle. Des photographies du fameux drap sont produites et on en observe certaines propriétés intrigantes. Il semblerait que lorsqu'on regarde le négatif d'une photographie du suaire, on voit un positif… ce qui, croit-on, ne devrait pas être le cas. On fait toutes sortes d'hypothèses autour de ces observations. Le sujet prend suffisamment d'importance pour qu'en 1937 la revue *Scientific American*, périodique scientifique sérieux et reconnu, publie un article affirmant l'authenticité du suaire, sur la base de l'analyse des photographies. La science de l'époque semble donc admettre la thèse qu'il s'agirait d'un original.

Y.V. — *Curieusement, ce n'est que quarante ans plus tard qu'on soumettra la relique à de véritables tests scientifiques de datation.*

Y. G. — Il faut comprendre que la fragilité du suaire est telle que l'évêque de Turin est très réticent à l'idée de laisser des gens le manipuler. En 1973, le drap subit toutefois un premier test. On demande à un criminaliste suisse d'en examiner les taches rouges qui pourraient être des taches de sang. Le criminaliste utilise un procédé chimique fort utilisé à l'époque par la profession. Il conclut qu'il ne s'agit pas de sang. Il s'agirait plutôt de pigments de peinture vermillon à base d'oxyde de fer, courante au XIVe siècle.

Y.V. — *Cette date correspondant à peu près au moment de la première apparition connue de la relique dans l'histoire. En 1973, on a donc un premier doute sérieux quant à son authenticité. En 1978 cependant, à la suite d'autres types de tests, des scientifiques affirment de nouveau l'authenticité du suaire.*

Y. G. — Il s'agit en fait d'un groupe, le STURP (The Shroud of Turin Research Project). Ce groupe de recherche sur le suaire de Turin fait toute une série d'observations à la suite de l'analyse du pollen récolté sur le suaire. En effet, l'identification des types de pollen permet de retracer les pérégrinations de certains objets, car ils ne se retrouvent souvent qu'en des endroits précis de la planète. Les résultats de leurs études semblent constituer des preuves soutenant l'authenticité du drap. Toutefois, il y a controverse. Des membres du STURP démissionnent, considérant que les analyses ont été bâclées et que les chercheurs, présupposant l'authenticité du drap, ont tourné rondement les coins. On voit donc que malgré la présence de tests scientifiques, le débat demeure ouvert.

Y.V. — *Pourquoi ne pas avoir opté pour la technique de datation au carbone 14 ? N'est-ce pas la méthode de choix pour connaître l'âge des pièces historiques ?*

Y.G. — Bonne question ! On ne l'a pas fait pour la raison suivante : telle qu'elle est pratiquée couramment, la datation au carbone 14 exige une quantité importante de matière. L'évêque de Turin n'est pas très chaud à l'idée de brûler une partie substantielle du drap dans le but d'en prouver l'authenticité… Toutefois, au début des années 1980, on met au point une nouvelle technique : la datation au carbone 14 par spectrométrie de masse. En résumé, on utilise une partie infime de carbone placé dans un accélérateur de particules afin de mesurer directement la masse du carbone 14 au lieu, comme dans la technique précédente, d'en mesurer le processus de désintégration, ce qui nécessite des milliers d'atomes de carbone. On mesure donc ainsi directement le rapport de la masse du carbone 14 à la masse du carbone 12.

Y.V. — *Et quelle est la conclusion de ce nouveau test ?*

Y. G. — Les résultats de cette expérience seront publiés dans la fameuse revue *Nature* en février 1989. Avec un intervalle de confiance de 95 %, les scientifiques déclarent que l'âge probable de la relique se situerait entre 1260 et 1390, ce qui recoupe parfaitement le milieu du XIVe siècle, moment de la première apparition connue du drap. Cependant, malgré cette nouvelle preuve, la controverse sévit encore de nos jours. Certains ne croient pas à la nouvelle technique et inventent toutes sortes d'hypothèses ; par exemple, les brûlures causées par l'incendie de 1532 ont pu faire augmenter le pourcentage de carbone 14, ce qui fait qu'on rajeunit indûment la relique… Cependant, le test au carbone 14 est, de toute évidence, l'argument le plus important de la saga du suaire de Turin et il est accepté par la plupart des scientifiques. Seuls les fondamentalistes tiennent absolument à l'authenticité du suaire.

L'Église catholique de son côté continue à ne rien dire, gardant ainsi au suaire sa valeur de relique sans clairement indiquer s'il date du temps du Christ ou du XIVe siècle.

Y. V. — *Morale de cette histoire, Yves Gingras ? La science aura, de nouveau, désenchanté la religion ?*

Y. G. — En effet. On peut rappeler d'autres cas de désenchantement. Dans notre échange précédent, nous avons vu le sort réservé au dogme de la transsubstantiation. À cela on peut ajouter la remise en cause par Copernic d'abord et par Galilée ensuite de la lecture littérale de la Bible selon laquelle la Terre est immobile au centre de l'univers. Et comme nous en discuterons plus loin, Darwin viendra au milieu du XIXe siècle remettre en cause les origines mêmes de l'humanité : résultat hasardeux de l'évolution et non plus fruit de l'union d'Adam et d'Ève eux-mêmes créés directement par Dieu. Même la Bible a été historicisée par les archéologues, les historiens et les exégètes lorsqu'ils ont découvert dans les textes mésopotamiens, 2 000 ans avant Jésus-Christ, la fameuse épopée de la création, incluant l'histoire de l'arche de Noé que l'on trouvera ensuite reprise dans les textes bibliques. La raison amène toujours une certaine historicisation de la nature, ce qui entraîne toujours un certain désenchantement.

Y. V. — *De la nature et de la religion…*

Y. G. — Il n'est pas trop fort d'affirmer que le désenchantement de la nature risque d'entraîner à sa suite le déclin de la religion, une fois que les croyances religieuses deviendront elles-mêmes explicables par la psychologie scientifique.

29

Les créationnistes contre l'évolution

Yanick Villedieu — *À l'automne de 1999, la direction de la Commission scolaire de l'État du Kansas, aux États-Unis, a pris une décision qui a pu étonner les gens en retirant l'enseignement de la théorie de l'évolution du programme d'études secondaires. Il s'agit là d'une résurgence du créationnisme, n'est-ce pas ?*

Yves Gingras — Il s'agit en fait d'un nouvel épisode dans la longue saga opposant les créationnistes aux partisans de la théorie de l'évolution. Pour les premiers, la seule histoire de l'univers qui prévaut est celle racontée dans la Bible : Dieu créa le monde en sept jours et l'homme à son image. Selon cette cosmologie, la Terre aurait environ 6 000 ans. Les évolutionnistes, quant à eux, s'appuient sur de multiples observations pour affirmer qu'en fait la vie est le fruit d'une lente évolution qui s'étire sur des millions d'années. La forme particulière d'évolution qui sera au cœur des débats est bien sûr celle mise de l'avant par le naturaliste britannique Charles Darwin dans son ouvrage paru en 1859, *L'Origine des espèces.* Ce célèbre ouvrage de Darwin avait alors relancé la guerre entre science et religion (dont un épisode antérieur avait été le fameux procès de Galilée en 1633). Si, de nos jours, les mécanismes de l'évolution sont mieux connus qu'au temps de Darwin, il demeure que le fait qu'il y a eu évolution de l'amibe à l'homme est maintenant reconnu universellement par la communauté scientifique et que son fondement reste encore la sélection naturelle qu'a identifiée Darwin.

Y. V. — *Cette bagarre entre la science et la religion a donc repris de plus belle durant la deuxième moitié du XIXᵉ siècle pour se poursuivre au XXᵉ siècle. Un événement viendra dans les années 1920 marquer cette longue saga : le procès du singe.*

Y. G. — Ancêtre direct du récent courant créationniste du Kansas des années 1990, on trouve au début des années 1920 un important mouvement fondamentaliste qui tente de convaincre les législatures des différents États d'instituer des lois interdisant l'enseignement de la théorie de l'évolution. Certains États se questionnent, d'autres acquiescent et votent immédiatement une loi. Parmi ceux-ci, le Tennessee, le Mississipi et l'Arkansas. Au moment où cette loi est votée au Tennessee, en 1924, un jeune professeur de biologie, John Thomas Scopes (1900-1970), alors âgé de 24 ans, s'élève alors publiquement contre cette loi et annonce qu'il enseignera la théorie de l'évolution. Il s'agit bien sûr d'une infraction à la loi et Scopes sera poursuivi en Cour, ce qui donnera lieu à un célèbre procès : le procès du singe. Ce procès est le théâtre de nombreux débats, l'avocat de la défense soutenant qu'il s'agit d'une question de rapports entre science et religion et que la Constitution américaine interdit la présence de religions dans les écoles alors que la poursuite considère qu'on a seulement affaire à un contrevenant à une loi de l'État. John Scopes, appuyé par l'Association américaine de défense des libertés civiles, sera finalement reconnu coupable d'avoir enfreint la loi et condamné à payer une amende de 100 dollars.

Y. V. — *Scopes perd donc son procès : il ne pourra enseigner la théorie de l'évolution.*

Y. G. — Il perd, en effet, mais, l'année suivante, le procès sera annulé en appel pour vice de forme, bien que la loi fût considérée

constitutionnelle et demeura donc en vigueur jusqu'en 1967 !
C'était malheureux en quelque sorte, car l'objectif de l'Association
américaine pour la liberté civile, qui soutenait Scopes, était d'utiliser ce cas pour l'amener jusqu'en Cour suprême des États-Unis,
une instance nationale au-dessus des États. Les lois des différents
États ne s'appliquant qu'à l'intérieur de leurs frontières, l'annula-
tion du procès Scopes n'avait aucun effet sur les lois semblables
adoptées par d'autres États. Des dizaines de procès auront lieu tout
au long des années 1960 jusqu'à nos jours dans différents États
et sur le plan fédéral. Ainsi, en 1968, la Cour suprême invalide la
loi de l'Arkansas interdisant l'enseignement de la théorie de l'évolution. Face à ce revers juridique, les fondamentalistes — qui ont
aussi leurs avocats imaginatifs et férus de procédure — ont trouvé
un nouveau stratagème pour contrer ces jugements : au lieu d'in-
terdire l'enseignement de l'évolution, ils tentèrent d'imposer l'idée
d'un « temps égal » accordé à l'autre « théorie », celle de la création
des espèces par Dieu. Mais dès 1982, ce stratagème est bloqué par
un jugement d'une cour fédérale qui déclare inconstitutionnelle la
loi de l'Arkansas du « traitement équilibré ».

Y. V. — *Lorsqu'on est fondamentaliste, on n'abandonne pas facilement une cause aussi fondamentale… En somme, tous ces jugements
sont fondés en gros sur le raisonnement suivant : obliger l'enseignement de la théorie biblique, c'est mélanger religion et éducation. Or,
l'éducation publique relève de l'État et selon la Constitution américaine, la religion et l'État doivent être séparés. Un point, c'est tout.*

Y. G. — Vous avez raison, la question juridique devrait être considérée comme close et les écoles devraient être tranquilles et se
concentrer sur l'enseignement des sciences. Mais la foi faisant
déplacer des montagnes, les fondamentalistes n'abandonnent pas
le terrain. Face à la multiplication des lois dans différents États,
plusieurs scientifiques commencent à se dire qu'il faut se défendre
sérieusement et attaquer de front. Ils profitent du procès de 1987
sur la loi de la Louisiane pour faire témoigner des scientifiques et

des philosophes et montrer que, derrière le discours des création-nistes, il n'y a pas de science mais de la religion. Ce procès est en quelque sorte une répétition de celui de 1982 en Arkansas, à la dif-férence toutefois que le juge allait entendre des experts. Parmi ceux-ci, on retrouve le naturaliste Stephen Jay Gould (1941-2002), bien connu pour ses nombreux ouvrages de vulgarisation sur l'évolution, et le philosophe des sciences Michael Ruse.

Y.V. — *Pourquoi un philosophe ?*

Y. G. — Par ce qu'au fond, la question qui se pose est philoso-phique, plus précisément épistémologique : la théorie biblique est-elle une théorie scientifique ? La théorie de l'évolution est-elle une théorie scientifique ? Qu'est-ce qui détermine la scientificité d'une théorie ? La Cour suprême se trouvera à faire de l'épistémologie en posant la question : qu'est-ce que la science ? Après délibérations, le juge tranchera ainsi : la théorie de l'évolution est scientifique, ce qui n'est pas le cas de la théorie biblique. On ne peut donc les pla-cer sur le même pied, ce que supposait implicitement l'idée de « temps égal » accordée aux deux théories.

Y.V. — *Toutefois, comme les fondamentalistes ne lâchent pas facile-ment prise, ils opteront alors pour une nouvelle stratégie.*

Y. G. — En effet. Ayant échoué sur le front juridique, ils ont adopté depuis les années 1990 des stratégies politiques. Aux États-Unis, dans chaque État, chaque commission scolaire détermine le contenu des programmes, donc le choix des manuels. Les fonda-mentalistes ont donc visité chacune des commissions scolaires afin de tenter de convaincre les décideurs d'opter pour des manuels ne contenant pas la théorie de l'évolution. Au Kansas, entre autres, ils ont réussi en 1999 à faire accepter des manuels de biologie ne parlant pas d'évolution. Il s'agit en somme de jouer sur le contenu des programmes d'enseignement au lieu de faire des lois. Il s'agit donc ici d'une cause politique.

Y.V. — *Cela a amené à l'automne de 1999 de virulentes réactions. On pouvait lire un éditorial pour le moins sévère dans le magazine américain* Scientific American *qui faisait état d'une éclipse de la raison.*

Y.G. — Il s'agit bien sûr d'une métaphore ironique, car une éclipse totale du Soleil s'était produite le 11 août 1999. Mais les scientifiques n'étaient pas complètement démunis et ils ont eux aussi appris à faire de la politique en s'assurant que, lors des élections des représentants des parents dans les conseils des écoles, seules des personnes pro-évolution seraient élues. Ils ont ainsi regagné la majorité au Kansas et dans d'autres États.

Y. V. — *La dernière stratégie des créationnistes semble, depuis les années 1990, de ne plus parler de religion ni de la Bible et de dire qu'eux aussi font de la science, leur théorie étant celle du « dessein intelligent » (« Intelligent Design »).*

Y.G. — Il s'agit là de leur dernière trouvaille. Elle consiste à mettre au programme des écoles la théorie du dessein intelligent en la présentant comme une théorie scientifique. Or, des parents de la petite ville de Dover en Pennsylvanie ont contesté un tel enseignement en cour et ont gagné. En décembre 2005, le juge John J. Johns a conclu que la prétendue théorie du « dessein intelligent » n'avait aucune caractéristique de la méthode scientifique et qu'elle n'était qu'un autre nom du créationnisme. Elle est donc un enseignement religieux déguisé, ce qui est inconstitutionnel.

Y.V. — *On se retrouve donc de nouveau devant la résurgence de ce vieux débat entre science et religion. Que peut-on en conclure, Yves Gingras ?*

Y. G. — Tout d'abord, la stratégie politique des fondamentalistes consistant à faire pression sur le contenu des programmes met en lumière le danger que pose le fait de donner trop d'autonomie aux commissions scolaires locales. Si, au Québec, chaque école pouvait choisir ses manuels, on pourrait facilement imaginer un groupuscule, catholique ou autre, prendre en charge une commission scolaire. Il est donc primordial de conserver le contrôle du contenu des programmes au plus haut échelon possible. Au Québec, par exemple, le contenu des programmes d'enseignement doit être accrédité par le ministère de l'Éducation, ce qui limite les dangers de dérive ou de noyautage par des groupes religieux ou autres.

Une autre leçon à tirer de l'histoire des rapports entre sciences et religions est de nature épistémologique. Chercher à faire «dialoguer», comme on dit de nos jours, les sciences et les religions présuppose qu'il y a un terrain commun, ce qui reste à prouver. En fait, toute l'histoire des grandes religions institutionnelles — je ne parle pas des croyances individuelles de tout un chacun — montre clairement qu'il n'y a en fait rien de vraiment commun entre le discours religieux et le discours scientifique. Le premier est nécessairement dogmatique, défend et promeut une vision du monde particulière, alors que le second ne pose pas les questions ultimes et se contente de comprendre le monde en adoptant un postulat naturaliste : le monde naturel doit s'expliquer par des forces naturelles. Il s'agit bien sûr d'un postulat et on peut le rejeter. Mais si on le rejette, on ne fait plus de science! On peut donc dire : «le monde a été créé par Dieu et lui seul peut créer la vie». Mais on peut aussi dire : «essayons de créer la vie! Qui sait? On y arrivera peut-être!»

L'idée de laisser les deux voies aller leur chemin propre n'est pas nouvelle. Elle a même été défendue au Québec en 1926, précisément en réponse au procès Scopes, par nul autre que le frère Marie-Victorin, des Écoles chrétiennes. Je voudrais, en guise de conclusion, citer quelques mots de sa plume qui montrent bien que sa position est, en gros, encore valable de nos jours :

> À toutes les époques, et malgré les meilleures intentions du monde, les tentatives concordistes, c'est-à-dire de vouloir mettre ensemble science et religion, lorsque poussées un peu loin, ont nui

à la religion aussi bien qu'à la science elle-même. N'est-il pas plus simple d'adopter le *modus vivendi* des pays éclairés, de laisser la science et la religion s'en aller par des chemins parallèles, vers leur but propre, de continuer d'adorer Dieu en esprit et en vérité, et de laisser les biologistes travailler paisiblement dans l'ombre de leur laboratoire[1].

---

1. Marie-Victorin, *Science, culture et nation*, Montréal, Boréal, 1996, p. 85.

30

La science peut-elle expliquer les miracles ?

Yanick Villedieu — *Le domaine médical devant parfois faire face au phénomène des « guérisons miraculeuses », qu'il ne semble d'ailleurs pas étudier de façon systématique, j'ai pensé clore cette partie sur les rapports entre science et croyances religieuses en vous posant une question difficile et même délicate : la science peut-elle expliquer les miracles ?*

Yves Gingras — Avant toute chose, éliminons d'abord un problème d'ordre sémantique. Lorsqu'on parle de miracles, au fond, on fait allusion à des phénomènes inexpliqués. De façon tautologique, on peut donc dire que, par définition, la science ne peut pas expliquer les miracles. Mais au-delà de cette dialectique facile, la question de l'explication scientifique des miracles permet de rappeler un principe fondateur de la science, à savoir la création de classes de phénomènes homogènes. C'est en créant des classes d'événements que la science en arrive à définir des lois. Ainsi, pour étudier ce qu'on appelle des « comètes », il faut d'abord fournir une définition du phénomène. Un météorite, par exemple, n'est pas une comète ! Ensuite, l'observation d'un grand nombre de comètes permet de faire des comparaisons et des statistiques, ce qui permet par la suite d'énoncer la loi du mouvement des comètes. Il en est de même pour les électrons ou encore la chute des corps. On peut ainsi expliquer le phénomène parce qu'il est (sous certains aspects au moins) récurrent. Les phénomènes étudiés peuvent aussi être rares, mais doivent être, potentiellement, répétables. Un événement, même unique, peut donc être expliqué de façon théorique s'il fait partie d'une classe qui, elle, sera expliquée.

Y. V. — *Une nova, explosion d'une étoile géante, en fournit un bon exemple. Bien qu'assez rarement observé, on parvient à expliquer scientifiquement ce phénomène.*

Y. G. — Exactement. Même si l'explosion d'une étoile à un instant donné résulte en bonne partie du hasard, on a la certitude que cet événement va se produire de temps à autre. Si l'explosion d'une étoile donnée est bien sûr un événement unique et, par définition, non répétitif, on peut tout de même classer cette étoile parmi un ensemble d'étoiles ayant des caractéristiques semblables qui mènent au stade de nova. Par contre, si on a un phénomène qui est absolument unique et qui ne fait partie d'aucune catégorie, alors il sort du giron de la science.

Y. V. — *Venons-en au cas des guérisons miraculeuses. Un individu est condamné par la médecine, on ne lui donne que quelques mois à vivre. Or, sans qu'on puisse l'expliquer scientifiquement, il guérit. Et on s'écrit alors : c'est un miracle !*

Y. G. — Comment pourrait-on aborder cet événement de façon scientifique ? En mettant cet individu ou ce phénomène dans une catégorie comprenant d'autres cas semblables de guérison miraculeuse. Il faudrait d'ailleurs plutôt dire « guérison spontanée » plutôt que « miraculeuse », pour éviter toute connotation religieuse. En créant une classe composée de plusieurs cas, on pourrait ainsi explorer les facteurs qui semblent permettre au corps humain de se guérir lui-même, même lorsque la science, avec tout son attirail, semblait être arrivée à une conclusion fatale quant aux chances de survie du malade.

Y. V. — *En d'autres termes, la science ne s'intéressant qu'à des classes d'événements, il suffirait de constituer la catégorie « guérisons miraculeuses ».*

Y. G. — C'est ce qui nous permettrait d'observer si différents cas de guérison « spontanée » comportent des éléments communs. Par exemple, on pourrait constater que les individus qui s'auto-guérissent ont un profil psychologique particulier, ou je ne sais quoi d'autre.

Pour bien comprendre l'importance fondamentale de pouvoir créer des classes d'événements pour faire de la science, prenons un autre cas : l'homéopathie. Pour certains sceptiques, utiliser l'homéopathie comme traitement est parfaitement inutile car du point de vue chimique, l'élixir contenu dans des granules homéopathiques n'est rien de plus que de l'eau. On pourrait même dire qu'une guérison produite par un produit homéopathique à haute dilution constitue pour un chimiste ou un physicien un véritable miracle — un cas de guérison spontanée en fait — car selon les lois actuelles de la chimie, cela est impossible : l'eau n'est pas un médicament spécifique. Comment alors vérifier de façon scientifique l'efficacité des produits homéopathiques ? En créant une classe d'individus comparables qu'on divise ensuite en deux groupes. On donne à une moitié du groupe les granules homéopathiques et à l'autre un placebo. Ce faisant, on crée une classe d'événements qui devient analysable scientifiquement. Or, comme je l'ai déjà dit, certains promoteurs de l'homéopathie soutiendront qu'on ne peut aborder la question de l'homéopathie de cette façon, car la médecine homéopathique vise l'individu et non pas la maladie. Ce point est fondamental. En effet, pour faire de la médecine dite scientifique, on a besoin du concept de « maladie » afin d'avoir un échantillon statistique « homogénéisant », en quelque sorte, les individus, qui ne sont alors que des porteurs de maladie. Rejeter ce procédé revient à rejeter un des fondements de l'approche scientifique en médecine. En postulant que l'individu est unique et non substituable, on ne peut donc pas faire de classes et on ne peut pas faire de la science. Si chaque individu est vraiment unique, alors tout médicament devient lui aussi unique. On comprend facilement que l'industrie pharmaceutique n'est pas fondée sur une telle vision et suppose au contraire qu'il existe toujours des classes d'individus qui se comportent de façon semblable pour un médicament donné, ce qui permet de le tester et de faire des statistiques.

Y. V. — *En somme, en mettant l'accent sur l'unicité de chaque patient, le médecin homéopathe échappe ainsi à la critique scientifique qui dit que plusieurs des produits homéopathiques ne sont que des placebos.*

Y. G. — On peut penser qu'il s'agit là d'une stratégie pour éviter la critique, mais cette idée de l'unicité de l'individu peut également être le résultat d'une croyance épistémologique fondamentale. Dans ce cas, on peut vraiment dire qu'il y a incommensurabilité, pour reprendre le terme du philosophe Thomas Kuhn (1922-1996), entre deux visions du monde. Toute la science depuis le XVIIe siècle s'est bâtie autour du procédé de transformation d'événements uniques en classes d'événements. Les premiers à avoir vu des météorites tomber sur Terre ont d'abord cru au miracle. Comment un bloc de pierre pouvait-il provenir de l'espace ? Plusieurs scientifiques demeuraient sceptiques. Ce n'est qu'au cours du XIXe siècle qu'on a fini par accumuler de nombreux échantillons de tels météorites et constater que ces rochers mystérieux avaient certaines particularités communes, comme une densité supérieure à celle des rochers terrestres et une plus forte teneur en fer. C'est grâce à ce genre de comparaisons qu'on a pu faire la démonstration que, effectivement, des objets pouvaient tomber du ciel et qu'ils ne provenaient pas de la Terre, d'une explosion d'un volcan par exemple.

Y. V. — *En fait, cette réflexion sur la capacité de la science à expliquer les miracles nous éclaire sur la nature même de la science et sur son mode de fonctionnement.*

Y. G. — Oui et l'on a parfois tendance à oublier ce qui, ultimement, fait la spécificité de la démarche scientifique. On peut chercher à la définir à l'aide de concepts complexes, mais j'ai toujours cru que la meilleure définition se résumait en quelques mots. Faire de la science, c'est *rendre raison*, expliquer. Et pour ce faire, il faut pouvoir reproduire l'expérience ou l'observation, soit sur le même objet, soit sur un autre de la même classe. C'est pour cela que les biologistes créent des souris spécifiques pour tel ou tel type de maladie, grâce à des manipulations génétiques par exemple. Même si chaque souris, comme tout individu, demeure évidemment unique, le clonage permet de produire des copies qui se ressemblent le plus possible. On doit toujours pouvoir constituer une classe d'événements semblables qui permet de poser les questions et de faire des comparaisons.

Y. V. — *Mais comment la science aborde-t-elle des phénomènes comme le big bang ? Il est unique puisqu'il n'y a qu'un seul univers !*

Y. G. — On sait que l'univers est en évolution, en expansion, conséquence, selon cette théorie, d'une explosion originelle. Mais la science s'arrête là. Il n'y a pas de classe d'univers, dans laquelle il y a plusieurs entités dont une va exploser et l'autre pas. Certaines théories dites « évolutionnistes » comparent l'univers à une espèce composée de plusieurs univers en compétition. Cependant, des scientifiques considèrent qu'il s'agit là de pures spéculations métaphysiques, car il n'y a en fait qu'un seul univers et il est donc impossible d'expérimenter ou d'observer d'autres cas. Pourquoi est-il en expansion ? A-t-il explosé ? Était-ce le vœu de Dieu ? Le big bang est-il un miracle ? Cette façon de voir les choses est aussi celle de créationnistes qui considèrent que si l'homme existe, c'est parce que Dieu l'a voulu. Mais penser ainsi, c'est abandonner la science, qui, *par définition*, doit chercher des explications naturelles et non pas surnaturelles.

Y. V. — *Mais il y aura toujours des événements uniques…*

Y. G. — Bien sûr, et face à un événement apparemment unique la science est démunie et se retrouve devant deux options : l'abandonner à la métaphysique, ou encore s'efforcer de trouver des comparables sous certains rapports. Chose certaine, devant un prétendu « miracle », mieux vaut, pour un chercheur, garder la foi en la science !

SIXIÈME PARTIE

Sciences et institutions

31

L'université médiévale
et la liberté académique

Yanick Villedieu — *Les déboires d'un professeur d'informatique vous ont inspiré une réflexion sur la censure et la liberté de pensée des universitaires.*

Yves Gingras — L'histoire en question se déroule au tout début des années 2000. Edward Felton, un professeur d'informatique de l'Université de Princeton aux États-Unis, se prépare à donner une conférence sur une de ses découvertes. Il a réussi à contourner les codes qui rendent les copies de musique électronique sécuritaires et qui empêchent la création de copies illicites. Cette question est cruciale depuis que prolifèrent les sites Internet permettant l'échange de fichiers musicaux. L'un des plus connus à l'époque est sans doute *Napster.* Alors qu'il prépare sa conférence, dans laquelle il montre comment il a réussi ce tour de force, M. Felton reçoit une lettre de l'avocat représentant l'industrie américaine du disque. Le message est clair : s'il donne sa conférence, il sera traîné en cour au nom d'un certain nombre de lois, dont le *Digital Millenium Copyright Act* qui interdirait ce genre de choses. Interrogées à ce sujet, ces compagnies nient bien sûr avoir proféré ce genre de menaces.

Y. V. — *En somme, on fait pression sur le professeur pour qu'il ne divulgue pas sa découverte ?*

Y. G. — On peut parler de « pression » ou même de chantage… Les avocats de l'Université de Princeton s'en mêlent aussitôt et discutent avec les compagnies impliquées afin de voir s'il y a possibilité d'un terrain d'entente. Leur but : faire en sorte que le professeur Felton puisse exercer sa liberté de recherche et donner sa conférence. Or, celle-ci, annoncée pour janvier 2001, n'a pas lieu. Au mois de juin, Felton, appuyé des avocats de l'université, retourne en cour dans le but d'obtenir un avis juridique qui lui permettrait d'exercer sa liberté et de présenter sa conférence. Après tout, il considère avoir contribué à l'avancement des connaissances. Il revendique le droit de montrer la technique grâce à laquelle il est parvenu à contourner ce code qui rendait apparemment impossible l'accès illégal à la copie de la musique électronique des compagnies.

Y. V. — *Il demandait donc le droit de partager sa connaissance même si c'était au détriment de l'industrie. Qu'est-ce que ce genre de situation soulève comme questions ?*

Y. G. — Cette histoire concerne la censure et il est intéressant de remonter à ses origines. La censure, tout comme la liberté de recherche, a beaucoup évolué au fil du temps. Transportons-nous au Moyen Âge. L'Université de Paris voit le jour autour de l'an 1200. Elle reçoit sa première charte officielle de l'Église dès 1215. Le pape Innocent IV couronne cette première charte d'une deuxième en 1231, cette dernière donnant aux universitaires une certaine forme de liberté et d'autonomie juridique sur leur territoire. Pourtant, dès le début, l'autonomie de l'enseignement à la faculté des Arts est mise en péril par la faculté de théologie, à l'intérieur même des murs de l'université. La philosophie est en effet une réflexion sur tous les aspects de la nature et inclut à l'époque ce que l'on appelle maintenant les sciences. Or, ces interrogations remettaient parfois en question les points de vue des théologiens.

Y. V. — *Il faut rappeler qu'à l'époque, le clergé a la main haute sur à peu près tous les aspects de la vie quotidienne des sujets et qu'aucune institution ne peut vraiment survivre sans son accord.*

Y. G. — En 1210 d'abord et ensuite plusieurs fois au cours des décennies suivantes, notamment en 1215, en 1231 et en 1240, on assiste à une série de condamnations des enseignements d'Aristote. À cette époque les chrétiens viennent de redécouvrir tout un ensemble de textes d'Aristote portant sur la nature qui ont été traduits de l'arabe vers le latin. Ces ouvrages forment l'avant-garde du savoir. Tout savant qui se respecte et tout étudiant curieux veulent connaître les vues d'Aristote sur le cosmos. Après que les philosophes arabes ont assimilé ces textes entre le IXe et le XIe siècle, c'est au tour des philosophes chrétiens de s'approprier Aristote qui incarne la science internationale la plus avancée. Ses ouvrages scientifiques sont donc finalement intégrés au corpus d'enseignement officiel de la faculté des Arts de l'université de Paris vers 1255. La faculté de théologie critique ouvertement ces nouveaux enseignements. Il règne alors à l'université un climat de tensions. L'autonomie de la faculté des Arts est menacée par une forme de censure imposée par la faculté de théologie et ses représentants, qui sont d'ailleurs prêts à aller jusqu'à demander l'intervention du pape pour parvenir à leurs fins.

Y. V. — *Comment les universitaires s'y prenaient-ils pour manifester leur désaccord et conserver leur autonomie ?*

Y. G. — Un des moyens utilisés était la grève, aussi surprenant que cela puisse paraître. Le statut universitaire permettait en effet de faire cessation de cours lorsqu'une intervention du Parlement ou de l'Église était jugée inacceptable et mettait en cause l'autonomie de l'université.

Y. V. — *Les universitaires avaient donc déjà droit de grève au XIIIe siècle ?*

Y. G. — Oui… même s'ils n'avaient pas encore de syndicat ! En fait on pourrait, en exagérant un peu, dire qu'ils en avaient un, car « *universitas* » signifie en latin « corporation ». Les corporations, tant celle des maçons que celle des enseignants, avaient des droits et les défendaient. Les étudiants avaient eux aussi droit de grève et c'est pour défendre leurs droits contre la ville de Paris qu'ils débrayèrent en 1229, un arrêt d'étude qui dura deux ans.

L'histoire est assez complexe. Résumons en disant que la Ville de Paris était intervenue de façon extrêmement violente contre des étudiants s'étant battus dans une taverne. La répression fut si forte qu'elle entraîna la mort de plusieurs étudiants. À la suite de l'événement, les étudiants décident de faire la grève, au nom de leur autonomie. On veut qu'il soit dorénavant interdit à la police d'intervenir dans des cas relevant de la juridiction de l'université. Étonnamment, cette grève conduira à l'élaboration de la charte fondatrice de l'université qui proclame tous les droits des universitaires. Il s'agit de la charte *Parens scientiarum,* octroyée par le pape en 1231. Une autre grève, beaucoup plus brève mais plus intéressante, fit rage en 1350. Un étudiant de la faculté des Arts fut jeté en prison par l'évêque parce qu'il était soupçonné de pratiques magiques. La faculté des Arts réagit immédiatement, car c'était un de ses étudiants. Il fut donc soumis à la charte universitaire : ni le civil ni le religieux n'avaient le droit d'intervenir. Il devait être jugé par la faculté et personne d'autre. L'étudiant fut donc libéré.

Y. V. — *Déjà, à ses tous débuts, l'université préparait un terrain à la liberté de pensée des étudiants et des professeurs. Encore aujourd'hui, et le cas de Princeton le montre bien, l'université doit se porter à la défense de ses professeurs.*

Y. G. — Bien que, il faut le dire, la structure universitaire actuelle ait bien peu à voir avec celle du Moyen Âge, il existe tout de même en filigrane ce lien continu qu'est la défense de l'autonomie — même relative — des universitaires. On appelait cela au Moyen Âge les *libertas scolastica,* ces libertés académiques et juridiques propres au milieu universitaire. Les libertés académiques se sont transformées ; il y eut cependant au Moyen Âge une réflexion philosophique collective sur la définition de la liberté académique. Cette réflexion fut principalement provoquée par l'intervention de l'évêque de Paris, Étienne Tempier. En 1277, ce dernier condamne 219 thèses alors enseignées par les professeurs de la faculté des Arts. Ces thèses allaient apparemment à l'encontre de l'interprétation biblique de l'origine du monde, la thèse de la pluralité des mondes par exemple. Les professeurs de philosophie s'insurgent : où est donc la liberté si un professeur n'a pas la possibilité d'aller au bout de ses arguments ? Une véritable réflexion sur la liberté académique émerge. Ainsi, après la condamnation de Tempier, Godefroid de Fontaines (1250-1304), professeur à la faculté des Arts, se demande quel est l'effet de cette censure. Il écrit ceci : « C'est grâce aux diverses opinions d'hommes cultivés ou versés dans la science, c'est grâce aux disputes où l'on essaie de défendre l'une ou l'autre des positions en présence, pour y trouver la vérité qu'on la découvre le mieux. Faire obstacle à cette méthode d'investigation et d'établissement de la vérité, c'est manifestement empêcher le progrès de ceux qui étudient et cherchent à connaître la vérité[1]. »

Y.V. — *Nous sommes alors à la fin du XIIIᵉ siècle ! C'est quand même étonnant ! Il s'agit en gros de la démarche scientifique rationnelle...*

Y. G. — De Fontaines est parfaitement clair : on ne peut aspirer à atteindre la vérité si on est soumis à quelque forme de censure que ce soit. À l'époque, la censure était décrétée par la théologie. Aujourd'hui, l'université doit tenter de trouver un équilibre avec les nouveaux censeurs : le monde politique, l'industrie et la société

---

1. Cité par Luca Bianchi, *Censure et liberté intellectuelle à l'Université de Paris (XIIIᵉ-XIVᵉ siècles)*, Paris, Les Belles Lettres, 1999, p. 84.

civile. La censure politique est bien connue et on ne s'y arrêtera pas ici. Mais l'industrie et la recherche sont de plus en plus liées dans certains domaines, ce qui peut faire obstacle à l'avancement des connaissances. La société civile peut aller également à l'encontre de la liberté de recherche en refusant d'entendre un certain nombre de vérités historiques ou scientifiques. L'université d'aujourd'hui a donc elle aussi un équilibre à trouver, non plus avec l'Église, mais avec de nouveaux acteurs. Il est important de réfléchir à la liberté que l'université doit avoir par rapport à ces nouveaux censeurs que sont la société civile et surtout, à court terme, l'industrie.

32

Les origines du diplôme de doctorat

Yanick Villedieu — *L'expression « Ph.D. », souvent prononcée à l'anglaise, occupe une place toute particulière au firmament de la science contemporaine. Avoir un Ph.D. signifie avoir un doctorat. Elle est de nos jours un ticket d'entrée pour devenir professeur d'université. Et la carrière scientifique de celui ou de celle qui ne possède pas ce précieux diplôme peut ne jamais démarrer, voire mal tourner, comme ç'a été le cas à la fin des années 1990 pour un certain chercheur américain…*

Yves Gingras — En 1999, le chercheur Michael Campbell est à la tête du laboratoire National Lawrence Livermore en Californie. Il dirige alors un projet de 1,2 milliard de dollars portant sur la construction d'un réacteur de fusion nucléaire. Campbell est un chercheur important, sa carrière ayant été ponctuée de nombreux prix : prix de l'excellence pour la recherche sur les armements du département de l'Énergie en 1985, prix d'excellence sur la physique des plasmas de l'Association américaine des physiciens en 1990, etc.

Y. V. — *Une carrière scientifique d'envergure, donc. Mais qu'est-ce qui vient arrêter brusquement cette belle trajectoire ?*

Y. G. — À l'été de 1999, une lettre anonyme se met à circuler au laboratoire. On y affirme que Michael Campbell n'a pas de Ph.D.

La nouvelle a l'effet d'une bombe dans le milieu universitaire…
Quelques semaines plus tard, M. Campbell remet sa démission.

Y.V. — *Parce qu'il affirmait être détenteur d'un Ph.D. et ce n'était pas le cas. On peut donc considérer qu'il a triché, non ?*

Y. G. — Sur le plan moral, on peut penser qu'il a eu tort de ne pas être tout à fait clair sur la nature de son diplôme. Mais ce qui m'intéresse dans cette histoire n'est pas la morale. C'est le fait que ce qu'on pourrait appeler un bout de papier, le diplôme de doctorat, est devenu un symbole absolu d'expertise et de crédibilité. Or, il n'en a pas toujours été ainsi. Il nous faut remonter le temps jusqu'en 1810, date de la fondation de l'Université de Berlin, pour trouver l'origine de ce diplôme qui sanctionne une activité de recherche originale. Avant le XIXᵉ siècle, l'université était avant tout un lieu d'enseignement. Les étudiants allaient y chercher une culture générale et se dirigeaient ensuite vers les facultés professionnelles de médecine, de droit ou de théologie. L'université n'était donc pas un lieu de recherche et ceux qui souhaitaient prendre cette voie devaient se faire élire au sein des académies des sciences ou poursuivre leurs travaux avec leurs propres moyens.

Y.V. — *Avec la fondation de l'Université de Berlin au tout début du XIXᵉ siècle, l'université devient également un lieu de recherche en plus de sa fonction habituelle d'enseignement.*

Y. G. — Exactement, et c'est cette transformation qui donnera son sens au nouveau diplôme, le Ph.D. Ces trois lettres signifient *philosophae (Ph) doctor (D),* docteur en philosophie. Pourquoi « philosophie » si on fait de la physique, de la chimie ou de la neuropsychologie ? La raison en est simple : au début du XIXᵉ siècle, les sciences ne sont pas encore bien séparées en disciplines et on utilise souvent l'ancien terme de « philosophie de la nature » pour parler de façon globale de l'ensemble des sciences.

Y. V. — *Que faut-il faire pour obtenir ce nouveau diplôme ? Écrire une thèse, j'imagine ?*

Y. G. — La thèse doit être le fruit d'une recherche originale qui suit les canons reconnus de la discipline — que ce soit la chimie, la physique ou l'histoire — et contenir des connaissances nouvelles. Il faut aussi qu'elle soit publiée, car le savoir n'est pas secret ni privé mais public. L'octroi du Ph.D. par une université est ainsi le signe que son titulaire a contribué par ses recherches consignées dans sa thèse à l'accroissement des connaissances. Ce modèle allemand de la formation à la recherche, sanctionnée par le Ph.D., sera ensuite imité et adapté dans le monde entier. On le retrouve aux États-Unis en 1876 lors de la création de l'université Johns Hopkins, et à Chicago en 1890, universités modelées sur les universités allemandes. Les universités plus anciennes, comme Harvard, l'adoptent au cours des années 1880. Au tournant du XXe siècle, le Ph.D. devient ainsi le diplôme reconnu pour qui désire posséder une formation en recherche. Les universités devenant des lieux non seulement d'enseignement mais également de recherche, le « passeport » officiel devient rapidement le Ph.D., symbole par excellence de la capacité à faire de la recherche.

Y. V. — *Mais ne peut-on pas être excellent chercheur et, pour des raisons diverses, ne pas avoir le fameux Ph.D. ? Le cas de Campbell semble le prouver. J'imagine que des gens se sont rapidement manifestés pour critiquer cette omnipotence du Ph.D., cette suprématie des trois lettres ?*

Y. G. — En effet et lorsque j'ai entendu l'histoire entourant la démission de Campbell, un texte fameux du psychologue et philosophe américain William James (1842-1910) m'est revenu en mémoire. On considère James comme le père du pragmatisme, cette philosophie qui affirme que la vérité est ce qui fonctionne, ce qui réussit de manière concrète. Né aux États-Unis en 1842, il a étudié à Harvard où il a obtenu en 1869 son diplôme de médecin — M.D. pour *Medical Doctor*. À son époque, le Ph.D. n'existait pas encore aux États-Unis. En 1872, il commence à enseigner la physiologie à Harvard et s'intéresse ensuite à la psychologie et, au cours des années 1880, il devient professeur de philosophie, toujours à Harvard et sans détenir un Ph.D. en psychologie ou en philosophie. Il publie son fameux livre *Les Principes de psychologie* en 1890.

Y. V. — *William James a donc assisté à la naissance du Ph.D. et à sa montée en force.*

Y. G. — Il a d'ailleurs abordé le sujet de front dans un texte publié en 1903 dans le *Harvard Monthly* et intitulé « La Pieuvre du Ph.D. » *(« The Ph.D. Octopus »)*. James y raconte une anecdote. Un de ses étudiants les plus brillants en philosophie a obtenu un poste de professeur d'anglais dans une université. Quelques mois après son embauche, le président de l'université en question exige son départ, faute de doctorat. James réagit vivement : cet étudiant était leur étudiant le plus brillant, ce pourquoi il l'avait chaudement recommandé. Faisons fi de ces trois lettres magiques, dit James : cet étudiant n'a pas besoin de Ph.D. Il possède les connaissances, la personnalité et les qualités personnelles nécessaires à l'exercice de l'enseignement. James termine son article en affirmant qu'on doit se garder comme de la peste d'accroître le snobisme des diplômes et la suprématie de l'expression Ph.D., les chercheurs devant être jugés d'après leur valeur réelle. William James nous mettait donc déjà en garde contre l'emprise croissante de la « pieuvre » du Ph.D. dans nos institutions.

Y. V. — *Ce texte de 1903 était tout à fait prémonitoire lorsqu'on regarde ce qui se passe maintenant. Si l'on fait un grand bond dans le temps, de l'autre bout du siècle à aujourd'hui, diriez-vous que la pieuvre a étendu ses tentacules sur l'ensemble des institutions de recherche ?*

Y. G. — Sans aucun doute. Cela n'est pas surprenant d'ailleurs, car le développement rapide du savoir au cours du dernier siècle a entraîné une spécialisation accrue et une division du travail scientifique. Le diplôme de Ph.D. reste, de façon générale, un indice commode d'expertise, mais il doit pouvoir souffrir des exceptions. Il y a danger de prendre l'ombre pour la proie, le diplôme pour l'expertise, comme le disait le pragmatique William James. On constate aujourd'hui que l'obsession morale et rigoriste américaine l'emporte (comme le montre la démission de Campbell) sur son expertise. Il était fautif, mais les prix prestigieux et les nombreuses reconnaissances qui ont jalonné sa carrière démontraient son expertise unique et valaient bien un Ph.D. On aurait pu lui demander de faire son *mea culpa* pour ce qui était, finalement, un mensonge par omission. Sa faute aurait pu être considérée comme un péché véniel, mais l'Amérique puritaine a préféré la voir comme un péché mortel en fétichisant du même coup le diplôme de doctorat.

33

L'invention des congrès scientifiques

Yanick Villedieu — *Les congrès internationaux constituent l'une des activités majeures des scientifiques et des professeurs d'universités. Yves Gingras, vous qui exercez le beau métier de professeur, montrez-nous en quoi ces congrès sont plus qu'une belle occasion de prendre des vacances...*

Yves Gingras — L'un n'empêche pas l'autre, bien sûr, mais les congrès représentent davantage qu'une contribution à l'industrie mondiale du tourisme. Ils donnent notamment à la communauté scientifique, de plus en plus internationalisée, la possibilité de se doter de normes internationales, d'élaborer un langage commun au-delà des frontières nationales.

Les premiers congrès internationaux voient le jour vers le milieu du XIXe siècle. L'essor des transports est alors un des éléments facilitant cette naissance. La multiplication des voies ferrées permet, par exemple, un déplacement plus aisé entre les pays d'Europe, notamment entre l'Italie, la France et l'Allemagne, trois centres scientifiques importants. L'année 1850 est le théâtre d'une dizaine de congrès internationaux. Dès lors, la croissance sera exponentielle. Cent congrès internationaux auront lieu en 1875 et plus de mille en 1914.

Y.V. — *Il s'agit d'une progression remarquable. Que se passe-t-il donc dans ces fameux congrès ? On y rencontre des collègues, on tente d'élaborer un langage commun...*

Y. G. — Prenons l'exemple du premier congrès international d'électricité qui se tient à Paris en 1881 en même temps que l'exposition internationale d'électricité. L'électricité connaît à l'époque un essor foudroyant. Les savants britanniques avaient mis au point au début des années 1860 un système d'unités pour mesurer le courant, la tension et la résistance électriques. Les Allemands, en parallèle, avaient eux aussi élaboré un système d'unités électriques, évidemment différent de celui des Anglais. Juste pour donner un exemple, l'unité de courant électrique allemande était dix fois plus petite que l'unité de courant électrique britannique, ce qui créait inévitablement une certaine confusion dans la communication des mesures.

Y. V. — *Il fallait donc s'entendre pour établir des définitions communes.*

Y. G. — Le congrès de 1881 constitue l'occasion rêvée pour réunir des gens de différents pays et tenter d'arriver à un consensus. Évidemment, les Allemands défendent leur système, et les Britanniques le leur ! Mais les unités ne sont pas les seules en cause. Il y a également la question des étalons de mesure, par exemple. Ainsi, les Britanniques utilisaient une bobine électrique en guise d'étalon de courant électrique. Les Allemands utilisaient plutôt une colonne de mercure. À ce fameux congrès de Paris, on s'entend ainsi : la référence universelle, l'étalon, serait la colonne de mercure du système allemand alors que les unités de mesure seraient les unités britanniques. On a ensuite donné à des commissions spéciales la tâche de mesurer la hauteur des colonnes de mercure correspondant à une résistance de un ohm.

Y. V. — *Cet exemple illustre bien l'importance d'un congrès scientifique international. En s'entendant sur des unités de mesure, on établit des normes communes qui facilitent la communication internationale entre savants. Cette tendance s'observe-t-elle également dans d'autres disciplines ?*

Y. G. — Oui et c'est durant ce même XIXe siècle que la plupart des disciplines deviendront davantage spécialisées et se cristalliseront, entraînant par le fait même une augmentation exponentielle des découvertes. C'est dans ce contexte de forte croissance qu'a lieu le premier congrès international des chimistes en 1860. L'appellation est intéressante en elle-même : « congrès des chimistes » et non pas « congrès de chimie », comme si les organisateurs étaient conscients du fait qu'il fallait réunir les chimistes afin de définir socialement les normes de la chimie. Le congrès se tient à Karlsruhe en Allemagne, pays expert, avec la France, en ce qui concerne la chimie organique. Un des problèmes majeurs en 1860 réside dans la multiplicité des noms de produits chimiques. Selon les manuels, un même produit peut porter jusqu'à 12 ou 15 noms différents. L'objectif principal de ce congrès est donc d'uniformiser la nomenclature. Près d'un siècle plus tôt, en 1787, quatre chimistes français avaient tenté cet exercice. Guyton de Morveau (1737-1816), Lavoisier (1743-1794), Berthollet (1748-1822) et de Fourcroy (1755-1809) avaient établi une nouvelle nomenclature chimique. Au milieu du Siècle des lumières, on voulait rationaliser la chimie en la débarrassant des dizaines de noms d'origine alchimique, comme « l'esprit de sel » (HCl, acide chlorhydrique), « les cristaux de Vénus » ($CuNO_3$, nitrate de cuivre) ou « la fleur de Jupiter » (SnO_2, oxyde d'étain) et d'autres appellations ésotériques. La classification des chimistes français s'est imposée, mais un siècle plus tard, la multiplication des synthèses chimiques — surtout en chimie organique — a créé une nouvelle tour de Babel des dénominations.

Y.V. — *Il fallait donc de nouveau faire le ménage.*

Y. G. — Ce qu'on a fait en s'entendant sur un certain nombre de normes. Cependant, durant ce même congrès, certains ont profité des discussions sur la nomenclature pour mettre de l'avant la doctrine atomique. Or, cette question qui nous semble pourtant acquise aujourd'hui est au milieu du XIXe siècle le sujet de débats houleux comme on l'a vu au chapitre 5. Les chimistes français y sont alors systématiquement opposés. Un des plus grands chimistes français du XIXe siècle, Jean-Baptiste Dumas, avait affirmé, au cours d'une de ses leçons au Collège de France : « Si j'en étais le maître, j'effacerais le mot "atome" de la science. » Il était persuadé que ce concept dépassait l'expérience, ce qui était alors proscrit en chimie. Au congrès, les chimistes allemands affirment que la nomenclature chimique des éléments, H_2O par exemple, doit être fondée sur la constitution atomique. Bien sûr, les Français s'y opposent. Les Allemands, plus spéculatifs en science comme en philosophie s'entêtent : les atomes sont importants. Le consensus est mou et on n'arrive pas à s'entendre sur une véritable nomenclature.

Y.V. — *On a vu en effet que le concept d'atome ne s'imposera qu'au début du XXe siècle. Le congrès international bute donc sur cette question.*

Y. G. — En un sens, oui. Ce sera environ trente ans plus tard, en 1892, qu'on réussira à mettre sur pied une véritable commission permanente sur la nomenclature des composés organiques. Cette commission sera institutionnelle, c'est-à-dire qu'y siégeront des représentants de tous les pays. Ceux-ci voteront et tenteront de nommer les composés de façon universelle et de s'entendre sur une façon de les écrire. Un autre des enjeux majeurs de ce congrès de Karlsruhe de 1860 concerne la définition des mots *atome* et *molécule*. Jusqu'alors, la confusion règne. Au cours de ce congrès, on définit pour la première fois ces entités, la molécule étant la quantité d'une substance entrant en réaction et déterminant les propriétés physiques et l'atome étant la plus petite quantité de substance contenue dans une molécule. L'expression « quantité de substance » permet d'ailleurs d'avoir l'appui des Français qui calculaient en termes d'équivalents chimiques, en comptant des poids sans supposer l'existence réelle des atomes. C'est donc la raison pour laquelle on parle, encore aujourd'hui, d'atome-gramme et de molécule-gramme dans les manuels scolaires. Ça vient du congrès de Karlsruhe, en 1860.

Y.V. — *Les premiers congrès internationaux remplissent donc un rôle central dans l'établissement de normes et de définitions communes à l'ensemble de la communauté scientifique. Un siècle et demi plus tard, au XXIe siècle, les congrès internationaux demeurent une industrie florissante. Jouent-ils encore ce même rôle ?*

Y. G. — En principe, oui. En pratique, un peu moins : la plupart des domaines ont leurs normes. Mais la normalisation se fait sur d'autres plans. Par exemple, au cours des grands congrès mondiaux sur le sida, on tente de s'entendre sur certaines mesures, comme celles concernant les cellules CD4. Les appareils doivent être calibrés, ce qui se fait sur le plan international. Là où la normalisation internationale présente un défi particulier, c'est sur le plan technologique. Bien qu'on ait assisté au tournant du XXIe siècle à une union monétaire avec l'Euro de l'Union européenne, l'union technologique reste toujours à faire. D'un pays à l'autre, les prises électriques diffèrent, les téléphones également, les vidéos, la fréquence du courant électrique. Or les réseaux électriques étant anciens, on ne peut les remplacer du jour au lendemain et l'utilisation d'adaptateurs permettant le passage d'un système à un autre est inévitable. Il faut dire que les normes techniques peuvent aussi servir à des fins purement commerciales, comme le montre bien l'existence de DVD européens illisibles par les appareils nord-américains et vice-versa. Dans ce cas, on se sert d'une norme technique pour créer des marchés séparés. Il n'est d'ailleurs pas impossible que de telles divisions des marchés se fassent lors de congrès internationaux plus discrets que les congrès scientifiques…

34

La collectivisation des sciences

Yanick Villedieu — *Nous parlerons maintenant d'une tendance lourde qui a touché la recherche scientifique au cours du XXe siècle : la multiplication du nombre d'auteurs pour un article scientifique. On véhicule souvent le cliché du savant, chercheur solitaire, portant des lunettes, qui fait toutes sortes de découvertes seul dans son laboratoire. Cependant, lorsqu'on jette un coup d'œil à la documentation scientifique contemporaine, on s'aperçoit que rares sont les articles signés par un seul auteur. Les articles sont plus souvent signés par deux, trois, voire même une dizaine d'individus. La science contemporaine ne serait donc plus l'affaire de savants solitaires et isolés ?*

Yves Gingras — Bien que cela varie selon les disciplines, il est certain que la science actuelle laisse peu de place aux chercheurs isolés. En 2004, par exemple, moins de 30 % des publications, toutes disciplines confondues (incluant les sciences sociales et les humanités), étaient signées par un seul auteur. Des données de 1995 nous donnent une idée de l'état de cette collectivisation de la science, montrant que parmi les revues scientifiques les plus importantes, seulement 13 % des articles sont signés par un seul auteur. Non seulement les articles à un auteur sont devenus l'exception, ce sont ceux comportant trois, quatre, cinq auteurs et plus qui augmentent le plus rapidement. Par exemple, le nombre d'articles comportant entre 6 et 10 auteurs est passé de 7 % en 1985 à 14 % en 1995. La norme est maintenant trois auteurs et plus.

Y. V. — *Dans certaines disciplines comme la physique des particules, certains articles comportent même des centaines d'auteurs. La liste des auteurs monopolise parfois une page de la revue à elle seule. On peut d'ailleurs se demander qui a réellement contribué à de telles publications.*

Y. G. — Cet état des choses représente bien la nature de l'activité scientifique depuis environ un quart de siècle. Toutefois, la science n'a pas toujours été collective. À ses débuts, il s'agissait effectivement d'une affaire d'individus, de chercheurs solitaires, non subventionnés bien sûr.

Y. V. — *Une seule pomme est tombée sur une seule tête, celle de Newton...*

Y. G. — Ce genre d'anecdote contribue à accréditer la croyance que la grande science est toujours le fait d'individus de génie, originaux et même marginaux. On pense bien sûr à Newton, à Einstein, à Darwin, tous des chercheurs qui ont produit une œuvre individuelle remarquable. En fait, le cas d'Einstein est un peu différent, car sa carrière se déroule à une époque où la science commence à se collectiviser et quelques-uns de ses articles sont le fruit de collaborations et sont donc signés à deux. Mais toutes ses œuvres révolutionnaires ont été signées de sa seule plume.

Les premières formes de collectivisation de la science ne prenaient pas la forme de cosignatures de publication, mais de présentation des résultats de recherches devant les membres d'une société savante. Galilée, par exemple, était membre de l'Accademia dei Lincei, fondée à Rome en 1603 par le prince Federico Cesi. En 1657, apparaît à Florence une autre société savante, l'Accademia del Cimento dans laquelle les membres font des expériences collectives sur le baromètre et le thermomètre, le vide et d'autres sujets à la mode. Ses membres publieront d'ailleurs collectivement un volume, sans nom d'auteur, regroupant leurs résultats en 1667.

Mais ce sont là des sociétés savantes éphémères centrées sur les intérêts d'un prince. Le véritable élan collectif est donné avec la création en 1660 de la Société royale de Londres, suivi en 1666 de l'Académie royale des sciences de Paris. À la même époque, en 1665, naissent les premières revues savantes, *Le Journal des savants* d'abord en France et quelques mois plus tard les *Philosophical Transactions of the Royal Society of London*.

Y. V. — *Les savants pouvaient ainsi se réunir au sein de leurs sociétés savantes et faire connaître leurs travaux grâce aux revues savantes. En somme, on assiste alors à la formation d'une véritable communauté scientifique.*

Y. G. — Dans ces premières revues, de 1665 jusqu'à 1800 environ, tous les articles, ou presque, sont signés par un seul auteur. On évalue à pas plus de 2 % le nombre d'articles écrits par plus d'un auteur. Cette situation est donc très marginale. Elle restera relativement stable jusqu'en 1900, le pourcentage d'articles écrits à plus d'un auteur augmentant seulement à 7 % en 1900, ce qui est encore très minoritaire. Il y a donc un fondement historique à l'idée du travailleur solitaire. La croissance rapide du nombre d'auteurs s'amorce vers 1900. Déjà en 1920, 15 % des articles en physique sont signés par plus d'un auteur. L'augmentation sera alors très rapide tout au long du XXe siècle, comme en témoignent les chiffres présentés plus haut.

Y. V. — *Comment expliquer cette apparition du travail d'équipe en science ?*

Y. G. — La principale force qui pourrait expliquer la montée lente mais inexorable de la proportion des articles écrits en collaboration est probablement la division du travail qui s'installe avec le développement des connaissances et l'accroissement de la spécialisation. D'abord, tout au long au XIXe siècle, on assiste à une institutionnalisation de la recherche au sein des universités, ce qui fournit les conditions matérielles de la recherche. Le milieu universitaire, dans lequel on retrouve des étudiants qui préparent leur doctorat, favorise aussi les collaborations. Celles-ci sont d'abord visibles en chimie, science qui se prête rapidement à la collaboration car plusieurs instruments sont souvent nécessaires pour effectuer des expériences délicates. Ainsi, la proportion des articles de chimie à plus d'un auteur est d'environ 36 % en 1914, alors qu'elle n'est que de 15 % en physique.

Y.V. — *Au xxe siècle, la recherche s'effectue à l'aide d'instruments de plus en plus complexes. Mentionnons les grands accélérateurs de particules utilisés en physique aujourd'hui et qui se sont multipliés après la Seconde Guerre mondiale. Le coût et la complexité des instruments incitent eux aussi à une augmentation de la collaboration entre chercheurs.*

Y. G. — Il est certain que la croissance des coûts de la recherche constitue un facteur important de collaboration, tout comme l'existence d'expertises complémentaires. Lorsque la complexité des projets de recherche s'accentue, les chercheurs, de plus en plus spécialisés au sortir de leur formation universitaire, doivent s'adjoindre des collaborateurs. C'est le cas entre autres en chimie et en biologie, ce qui accroît le nombre d'articles cosignés. Une autre variable, moins importante, est le souci de ne pas laisser les compétiteurs prendre les devants. On a déjà vu certains articles cosignés par des chercheurs qui étaient, chacun de leur côté, sur le point de faire des découvertes simultanées. Cette situation est plus rare toutefois. Les forces dominantes de la collectivisation du travail scientifique sont sans aucun doute l'augmentation des coûts de la recherche et la spécialisation de plus en plus grande des chercheurs. On a parlé des accélérateurs de particules, mais la recherche biomédicale constitue un autre exemple dans lequel le travail en équipe est la norme. En 1995, seulement 4 % des articles liés à la discipline étaient signés par un seul auteur. Quelqu'un qui choisirait aujourd'hui de se diriger en sciences biomédicales ne risque pas de travailler en solitaire, et il ne doit pas s'attendre à écrire un article dont il serait l'unique auteur.

Y. V. — *À l'autre extrême du spectre, on pourrait par contre penser qu'en mathématiques, le chercheur individuel règne encore en maître. Après tout, il ne lui faut que du papier et un crayon, finalement…*

Y. G. — Surprise ! Même dans cette discipline, plus de la moitié des publications sont aujourd'hui signées par plus d'un auteur. Mais il existe encore une place, une niche, pour le solitaire et les mathématiques sont probablement l'un des derniers domaines scientifiques où c'est encore possible.

Y. V. — *On parle des sciences « dures » mais qu'en est-il des sciences humaines et sociales ?*

Y. G. — Là aussi, la situation diffère selon les types de disciplines. En sciences sociales, ce qui inclut, entre autres, la sociologie et la psychologie, les articles à un auteur ne représentent que le tiers du total, deux tiers des articles étant donc signés par au moins deux auteurs. Par contre, dans les humanités, en histoire, en littérature et en philosophie par exemple, 90 % des articles sont encore signés par un seul auteur. Il s'agit de champs de recherche où le travail demeure encore essentiellement individuel.

Y. V. — *Et si la tendance se maintient, comme on dit, on a l'impression que bientôt, dans dix, vingt, trente ans, plus personne ne signera tout seul un article.*

Y. G. — En sciences naturelles, c'est certain, mais pas en sciences humaines. Je crois que la limite est pratiquement atteinte actuellement dans le cas des sciences biomédicales. On peut imaginer que d'ici cinq ans, le pourcentage va passer de 96 % à 99 %, limite asymptotique. Il y aura toujours l'exception d'un article de synthèse commandé à un grand bonze, et qu'il signera seul. Mais le travail de production du savoir n'est plus du tout un travail individuel. Les étudiants qui comptent se diriger vers les sciences doivent en être conscients. Encore trop souvent, on propage l'image du savant solitaire et de figures comme Einstein, Newton et Darwin, mais ce temps est à jamais révolu et, de nos jours, faire de la science, c'est travailler en équipe. Le véritable solitaire devra devenir philosophe...

35

L'internationalisation des sciences

Yanick Villedieu — *Peu à peu, au cours des derniers siècles, la science s'est collectivisée. On a cessé de faire de la science en solitaire pour dorénavant travailler à plusieurs, en équipes. Depuis la fin du XXe siècle, un autre phénomène est venu se greffer à cette collectivisation, celui de l'internationalisation. On fait maintenant non seulement de la science avec d'autres, mais en plus, ces autres chercheurs proviennent de plus en plus souvent d'autres pays.*

Yves Gingras — On parle beaucoup, depuis une quinzaine d'années, de mondialisation de l'économie, des échanges et de la culture. Tout, en somme, serait en voie de mondialisation. La science n'a évidemment pas échappé au phénomène. Lorsqu'on jette un coup d'œil aux articles scientifiques d'aujourd'hui, on constate que non seulement ils comportent de plus en plus d'auteurs, mais que ces auteurs viennent de plus en plus de pays différents. Notons quelques chiffres afin de mesurer la montée fulgurante du phénomène : en 1980, environ 6 % des articles dans le monde étaient cosignés par des chercheurs provenant d'au moins deux pays différents, ce qui est, somme toute, assez faible. En 1995 par contre, ce pourcentage est passé à 15 %, et à près de 30 % en 2005, ce qui constitue une croissance rapide.

Y.V.— *Vous mentionnez que la science a suivi le phénomène de la mondialisation, peut-on suggérer qu'elle l'a même quelque peu précédé ?*

Y. G. — En quelque sorte, oui, car elle est par nature universelle. Depuis le XIXe siècle, on l'a vu, les chercheurs ont l'occasion de rencontrer leurs confrères étrangers dans les congrès internationaux. Par contre, jusqu'à récemment, la collaboration dans les publications constituait une entreprise complexe : il fallait poster les articles, travailler simultanément sur différentes copies, etc. L'accélération de la croissance des collaborations internationales date des années 1980, période qui a vu l'utilisation généralisée du télécopieur et la naissance d'Internet, ce qui indique que les avancées des moyens de communication ont des répercussions importantes sur les collaborations internationales.

Les scientifiques ont d'ailleurs été les premiers à avoir accès à Internet, avant même qu'il devienne accessible à tous. Au milieu des années 1980, on assiste aux débuts de cette croissance rapide de la collaboration internationale. En creusant un peu, on constate que des facteurs autres que techniques font en sorte qu'un pays collabore plus ou moins avec ses voisins. Par exemple, plus un pays est petit, en termes de nombre de chercheurs, plus son pourcentage d'articles écrits en collaboration internationale est élevé. Prenons l'exemple du Canada. En 1981, 17 % des articles étaient écrits en collaboration internationale, soit trois fois plus que la moyenne mondiale (6 %). En 1995, ce pourcentage s'élève à 30 %, et il atteint 44 % en 2005, soit le double de la moyenne mondiale de 20 %. Pourquoi ? Parce que, de façon globale, et c'est le cas au Québec, il nous faut dans certains domaines aller chercher de l'expertise ailleurs.

Y. V. — *De plus, le Canada a comme voisin les États-Unis, très attirant pour la collaboration scientifique.*

Y. G. — Regardons en effet avec quels pays le Canada collabore le plus. En 1998, environ 45 % des collaborations sont effectuées avec les États-Unis alors que 10 % sont faites avec l'Angleterre et autant avec la France. Ces trois pays sont intimement liés à notre histoire, les États-Unis étant nos voisins immédiats et une superpuissance scientifique, et la France et l'Angleterre, tour à tour mère patrie du Canada. D'ailleurs, le Canada anglais tend à collaborer davantage avec l'Angleterre qu'avec la France, alors qu'au Québec, c'est évidemment l'inverse.

Y. V. — *Allons-y maintenant par discipline. On peut imaginer que certains chercheurs collaborent plus que d'autres avec des chercheurs étrangers.*

Y. G. — Plus l'objet de recherche est délocalisé et abstrait, plus il a de chance d'être le sujet de recherches en collaboration internationale. Dans le domaine de la recherche biomédicale, qui constitue la branche la plus fondamentale de la discipline, un tiers des articles sont écrits avec des chercheurs étrangers. Dans le cas de la médecine clinique, domaine plus local, seulement un quart des articles sont le fruit de telles collaborations. Les objets les plus abstraits sont ceux des mathématiques. Dans cette discipline, 45 % des articles à plus d'un auteur sont le produit d'une collaboration internationale. En deuxième position, on trouve la physique. En effet, on peut dire que les électrons sont assez internationaux ! Au bas de la liste, on trouve les publications des ingénieurs. Il est clair que si on publie un article sur la structure du pont Jacques-Cartier, à Montréal, il est peu probable qu'il sera écrit avec un chercheur australien ou chinois. Globalement le pourcentage des articles en génie écrits en collaboration internationale est de 25 %, ce qui n'est tout de même pas négligeable. On assiste donc clairement à une mondialisation de la recherche scientifique, mais ses effets varient selon les disciplines.

Y. V. — *Cette tendance à travailler davantage avec des chercheurs étrangers se retrouve-t-elle aussi dans les sciences humaines et sociales ?*

Y. G. — Oui, mais à un degré plus faible, bien que la tendance soit aussi à la hausse depuis vingt-cinq ans. Entre 1980 et 1995, le degré de collaboration internationale passe de 11 % à 17 %, soit à peu près la moitié de ce qu'on trouve pour l'ensemble des sciences de la nature. Cela ne doit pas surprendre, car les objets de recherche en sciences sociales sont le plus souvent locaux. Si nous revenons à notre palmarès, c'est l'économie qui se retrouve à la tête des sciences humaines, son niveau de collaboration internationale s'élevant à 32 % en 1995. L'économie est devenue si abstraite qu'elle ressemble de plus en plus aux mathématiques. Elle peut donc sembler moins locale et donner lieu à davantage de collaboration internationale. L'autre domaine des sciences humaines pour lequel la collaboration internationale est assez élevée, soit le quart des articles, est l'anthropologie, et plus particulièrement l'archéologie. Encore une fois, c'est assez compréhensible, car il semble peu probable de trouver un pithécanthrope ou une pyramide au Québec. Il faut dans ces cas trouver des collaborateurs qui ont accès à ces terrains exotiques.

Tout au bas du palmarès se trouve l'histoire, avec seulement 3 % des publications écrites par des auteurs de différents pays. Ce portrait reflète aussi le fait qu'en sciences humaines, il y a beaucoup moins d'articles écrits à deux, trois, quatre auteurs, qu'en sciences de la nature. La probabilité d'écrire en collaboration internationale est ainsi nécessairement plus faible.

En somme, tout comme la collectivisation de la science est liée à la spécialisation, l'internationalisation en dépend aussi, car pour un pays ayant des ressources scientifiques peu diversifiées, la probabilité de trouver des collègues connaissant à fond votre domaine de recherche est faible, ce qui fait que les chercheurs vont chercher des collaborateurs à l'étranger. Les coûts de la recherche constituent, encore une fois, un facteur important. Au Centre européen de recherche nucléaire plus connu par son acronyme CERN, où se trouvent d'immenses accélérateurs de particules, on trouve des chercheurs du Canada, des États-Unis et d'un peu partout travaillant sur la physique des particules. C'est le cas aussi en Ontario qui abrite le SNO (Sudbury Neutrino Observatory), un immense détecteur de neutrinos installé dans une mine désaffectée et construit grâce à la collaboration entre chercheurs canadiens, américains et britanniques. Le partage des coûts favorise donc lui aussi la collaboration internationale.

36

Qu'est-ce qu'un auteur scientifique ?

Yanick Villedieu — *Après avoir parlé de collectivisation de la science, on peut se demander ce qu'est un auteur scientifique ? Après tout, quand des publications comportent cinquante noms d'auteurs, on peut vraiment se demander si la notion a encore un sens. Les auteurs ne sont-ils pas en voie de disparition dans le monde scientifique contemporain ?*

Yves Gingras — La question est importante et soulève un problème réel. On l'a déjà dit, la science d'aujourd'hui est essentiellement collective, « massifiée » même, caractérisée par le travail en équipe, une division du travail poussée et une forte spécialisation de chacun des membres. Le concept d'auteur unique appartient donc à une tradition qui date du XVIIᵉ siècle et qui ne correspond plus du tout aux réalités actuelles.

Y. V. — *Quel est donc l'intérêt pour un chercheur d'apposer son nom au côté de celui de trois, quatre ou cinq collègues ? La gloire ?*

Y. G. — Oui, en quelque sorte. Einstein n'a pas pensé à devenir riche en écrivant sa fameuse équation $E=mc^2$. La monnaie qui circule dans la communauté scientifique est symbolique : c'est le prestige. Le summum de ce capital symbolique, de cette reconnaissance, c'est bien sûr le prix Nobel.

Y. V. — *Avec un peu d'argent à la clé d'ailleurs, soit un peu plus d'un million de dollars…*

Y. G. — Oui, bien que cet argent ne soit pas ce qui constitue l'attrait du prix Nobel. Toutefois, il est vrai que lorsqu'on reçoit des prix de cette envergure ou que l'on a une grande crédibilité auprès de nos pairs, on obtient de meilleurs postes. Le capital symbolique se traduit ainsi souvent en argent sonnant et trébuchant.

Y. V. — *De nos jours, auteur rime avec prestige, mais rime également, de plus en plus, avec profits.*

Y. G. — De nos jours en effet, surtout dans le domaine biomédical, la recherche scientifique peut se traduire rapidement en produits pour l'industrie pharmaceutique. Par exemple, la publication d'une séquence de gènes donne souvent lieu à une demande de brevet. On assiste ainsi à l'émergence d'une nouvelle forme de conflit entre, d'une part, la logique propre à la science qui consiste à publier ses résultats pour obtenir le capital symbolique associé à la découverte et, de l'autre, la logique économique qui cherche à s'approprier les découvertes pour les valoriser rapidement sur le marché. La distribution des crédits dus à chacun devient parfois problématique quand les découvertes sont le fait de plusieurs auteurs. L'appât du gain peut ainsi engendrer des disputes sur la propriété intellectuelle.

Y. V. — *Les auteurs d'un article ont-ils tous la propriété intellectuelle de leur découverte pour réclamer un brevet fondé sur le contenu de l'article ?*

Y. G. — La question est en effet très importante et a commencé à faire surface à la fin des années 1980 en liaison étroite avec la montée en puissance de la commercialisation de la recherche. Or, une étude récente a analysé un échantillon de publications ayant conduit à des brevets et les auteurs ont constaté qu'il y avait beaucoup moins de noms sur les brevets que sur les publications scientifiques s'y rattachant ! Cette situation curieuse s'est traduite très rapidement par des actions en cour, notamment aux États-Unis. Par exemple, un chercheur postdoctoral contribue à une publication importante et découvre ensuite que l'article a donné lieu à une demande de brevet dans laquelle son nom ne figure pas ! La question se pose : un auteur scientifique a-t-il véritablement contribué à l'article ? Si oui, tous les signataires devraient donc y avoir contribué intellectuellement. Or, cela ne semble pas toujours être le cas. Cette question est encore en litige dans plusieurs tribunaux américains.

Un autre phénomène a contribué à la réflexion sur le rôle des auteurs de publications : la multiplication des fraudes. On s'est en effet vite rendu compte que des auteurs se disaient non responsables, car la fraude avait été commise par leur collaborateur. Alors que l'on a toujours considéré implicitement que tous les auteurs étaient responsables de l'ensemble de l'article, on découvre soudainement qu'une telle conception est naïve. Des scientifiques ont même comparé cela à un mariage en disant que le mari n'est pas considéré responsable d'une fraude qui serait commise par sa femme ! Alors comment peut-on imaginer qu'il soit responsable de l'ensemble d'un article qui demande une expertise qui est distribuée parmi 5 ou 10 auteurs ?

Y.V. — *On tente donc de redéfinir la nature et le rôle de l'auteur. Certains ont proposé des pistes de solutions. On a entre autres suggéré que pour un article scientifique signé par 5, 6 ou 10 personnes, l'apport de chacun des signataires devrait être décrit. Il s'agit d'une première piste.*

Y.G. — Oui, d'autant plus qu'on sait, depuis un certain temps, que l'inflation du nombre de signatures reflète parfois moins le travail d'une équipe que des formes de retours d'ascenseurs et de ce que certains ont appelé des signatures honorifiques. Ou encore, autre phénomène connu, des scientifiques exigent d'apposer leur nom sur toutes les publications issues de leur groupe de recherche ou de leur laboratoire, et ce, qu'ils aient personnellement contribué ou non à la recherche. Donc, comme vous l'avez mentionné, en réponse à cette inflation des signatures, on a suggéré que chaque auteur décrive brièvement sa contribution. Un peu comme dans un générique de film où on fait la différence entre le producteur, le réalisateur, le scénariste et l'éclairagiste. On transformerait ainsi la notion d'auteur en celle assez différente — mais plus conforme à la réalité — de contributeur. L'article devient donc un produit auquel plusieurs personnes ont contribué.

La notion d'auteur impliquait aussi l'idée d'un individu responsable de l'ensemble du processus, du début jusqu'à la fin. Or, passer d'auteur à contributeur pourrait avoir pour effet que personne ne soit responsable de l'ensemble de la publication ! Car chaque contributeur est responsable de son propre apport, mais pas de celui du voisin. L'éclairagiste n'est pas responsable de la contribution du preneur de son. Par contre, les deux individus doivent travailler ensemble pour que le film soit réussi. Cette idée vise donc à éliminer automatiquement les signatures symboliques qui n'ont pas apporté de contribution effective. Cependant, le responsable ultime demeure le réalisateur que l'on tient responsable de tout, car s'il sort son film c'est qu'il « signe » en somme l'ensemble du travail qu'il a supervisé. On a suggéré la notion de « garant » pour identifier les signataires qui se portent garants de l'ensemble de l'article, alors que les autres ne seraient responsables que de leur propre contribution partielle.

Y.V. — *Dans ce cas en fait, l'indication des contributions n'efface pas totalement l'auteur puisqu'il est probable qu'on attribuera la responsabilité finale au chef d'équipe, au chef d'orchestre, pourrait-on dire. Après tout, on a décerné des prix Nobel pour la découverte de particules élémentaires aux chefs d'équipe et non aux centaines de chercheurs, d'ingénieurs et de techniciens qui ont rendu la découverte possible. L'indication des contributions des auteurs est donc un com-*

promis, mais il existe aussi une autre solution, plus extrême je dirais, qui consiste à vraiment faire disparaître tous les noms.

Y. G. — Au Centre européen de recherche nucléaire (CERN), on a supprimé la notion d'auteur dans les articles scientifiques. Les recherches en physique des particules expérimentale font intervenir d'énormes équipes constituées de centaines de personnes. Certaines publications ne portent alors que le nom du groupe, « collaboration A1 » ou « Atlas », par exemple. Cette façon de procéder comporte tout un ensemble de règles qui dictent la façon de procéder lors de la publication de résultats obtenus par le groupe. Par exemple, toutes les personnes qui participent à l'expérimentation font partie de la publication et de l'équipe, et ce même s'ils s'absentent quelques mois pour aller faire des expériences dans d'autres pays. Ils demeurent sur la liste des contributeurs pendant environ 18 mois, durée qui peut varier selon les cas. De plus, si certains de ces chercheurs sont insatisfaits d'un article, ils peuvent retirer leur nom de la liste officielle, faute de quoi ils y apparaissent par défaut. Ainsi, quelques fois par année, il y a révision de la liste des contributeurs de l'équipe de recherche A1. Cette liste est gardée au laboratoire et sur le site Internet, mais n'apparaît pas directement dans les articles eux-mêmes.

Y. V. — *On peut donc dire que le monde des sciences en est actuellement à réfléchir, à définir et à expérimenter de nouvelles notions d'auteur ou de co-auteur d'un article scientifique.*

Y. G. — Oui et la tendance actuelle indique clairement un passage de la notion d'auteur à celle de contributeur et de garant. La notion centrale est celle d'équipe. L'idée d'auteur, de personne qui a une idée fondamentale, personnelle et individuelle, est remplacée par l'idée que plusieurs personnes sont nécessaires à la publication d'une nouvelle connaissance scientifique. Chacun y ajoute sa part, plus ou moins grande, mais tout de même nécessaire. Cette tendance à la disparition des auteurs avait déjà été notée dès 1962 par le physicien Samuel Goudsmit (1902-1978), rédacteur en chef de la célèbre revue américaine *Physical Review Letters*. Dans un éditorial annonçant la découverte de la particule élémentaire hypéron, il attirait l'attention sur le fait que cette lettre n'indiquait que le nom de trois instituts sans mention de chercheurs et que, de même, les remerciements se limitaient à la mention de trois autres institutions. Il concluait son éditorial en affirmant que cette tendance allait avoir des effets profonds sur la physique en tant que profession. Alors que la recherche a longtemps été une activité individuelle attirant les personnes qui désiraient y laisser leur marque personnelle, la nouvelle configuration demanderait, disait-il, « un nouveau type de personne » qui serait satisfaite de participer à une réussite collective, y occupant éventuellement une position clé. Il espérait simplement que ce déclin de l'individu n'entraînerait pas avec lui un déclin de l'originalité.

Y. V. — *Mais si la notion d'auteur disparaît, comment la fondation Nobel pourra-t-elle octroyer ses prix annuels ?*

Y. G. — Bonne question en effet. Certains ont déjà suggéré que ces attributions étaient devenues anachroniques. Comme vous savez, le nombre maximum de gagnants par prix est de trois. Cela donne une certaine flexibilité, mais il peut y avoir des domaines où ce n'est pas assez, comme dans le cas de la découverte de particules élémentaires. En un sens, cela favorise les théoriciens car même s'ils collaborent souvent, ils demeurent peu nombreux à signer leurs articles.

Quoi qu'il en soit, la nature humaine étant ce qu'elle est, je suis convaincu que malgré les nouvelles façons de reconnaître les contributeurs des publications, des personnes vont toujours trouver des façons informelles leur permettant de dire que tel ou tel a fait davantage que son voisin ou qu'il est le véritable *leader*. Après tout, malgré le travail acharné des membres de nos orchestres symphoniques, le chef d'orchestre reste celui qui reçoit les fleurs — et les critiques si le violoniste ou le joueur de tambour a la grippe…

Y.V. — *Institutionnalisation de la recherche, collectivisation, inter-nationalisation, commercialisation et finalement, disparition de l'auteur scientifique. En terminant ces entretiens Yves Gingras, on peut dire que le monde scientifique a énormément changé depuis le XVIIe et même depuis le début du XXe siècle. Il demeure cependant que, même sous cette forme que vous diriez « massifiée », les dévelop-pements scientifiques et technologiques vont continuer à jouer un rôle central dans la société. Merci pour ces entretiens qui nous font mieux comprendre la dynamique de fonctionnement des commu-nautés scientifiques et leurs relations avec l'économie, la culture et même la religion.*

Remerciements

Je tiens d'abord à remercier Yanick Villedieu et toute l'équipe de l'émission *Les Années lumière,* en particulier le réalisateur Dominique Lapointe, pour m'avoir invité en 1996 à me joindre à eux, croyant que je pourrais, par mes chroniques, contribuer utilement à leur entreprise. Merci surtout à Marie-Christine Lance pour la transcription de ces entretiens et son travail d'édition sur la première mise en forme écrite, le passage de l'oral à l'écrit n'étant pas toujours facile. Merci également à Raymond Duchesne, Robert Gagnon, Vincent Larivière, Robert Nadeau, Yanick Villedieu et Jean-Philippe Warren pour leurs commentaires et suggestions qui ont permis de clarifier certains points obscurs. Merci enfin à Nadine Tremblay pour sa précieuse révision linguistique. Je demeure bien sûr seul responsable des opinions exprimées dans ces entretiens et des erreurs qu'ils pourraient contenir.

Bibliographie indicative

Beck, Ulrich, *La Société du risque*, Paris, Flammarion, 2003.

Bell, Robert, *Les Péchés capitaux de la haute technologie*, Paris, Seuil, 1998.

Bernstein, Jeremy, *Hitler's Uranium Club. The Secret Recordings of Farm Hall*, New York, AIP Press, 1996.

Bianchi, Luca, *Censure et liberté intellectuelle à l'université de Paris (XIIIᵉ-XIVᵉ siècles)*, Paris, Les Belles Lettres, 1999.

Biagioli, Mario, *Galileo Courtier*, Chicago, University of Chicago Press, 1993.

—, *Galileo's Instruments of Credit. Telescopes, Images, Secrecy*, Chicago, University of Chicago Press, 2006.

Bibeau, Gilles, *Le Québec transgénique. Science, marché, humanité*, Boréal, 2004.

Bourgoin, Léon, *Science sans douleur*, Montréal, Éditions de la Revue moderne, 1943.

—, *Histoire des sciences et de leurs applications*, Montréal, Éditions de l'Arbre, tome 1, 1945, tomes 2 et 3, Éditions Chanteclerc, 1949.

—, *Savants modernes. Leur vie, leur œuvre*, Montréal, Éditions de l'Arbre, 1947.

Broad, William et Nicolas Wade, *La Souris truquée. Enquête sur la fraude scientifique*, Paris, Seuil, 1987.

Callens, Stéphane, *Les Maîtres de l'erreur. Mesure et probabilité au XIXᵉ siècle*, Paris, Presses universitaires de France, 1997.

Carpentier, Jean-Marc et Danielle Ouellet, *Fernand Seguin, le savant imaginaire*, Montréal, Libre expression, 1994.

Chartrand, Luc, Raymond Duchesne, et Yves Gingras, *Histoire des sciences au Québec*, Montréal, Boréal, 1987.

Clark, William, *Academic Charisma and the Origins of the Research University*, Chicago, University of Chicago Press, 2006.

De Beer, Gavin, *The Sciences Were Never at War*, London, Thomas Nelson and sons, 1960.

Desrosières, Alain, *La Politique des grands nombres. Histoire de la raison statistique*, Paris, La Découverte, 1993.

Downey, Roger, *Riddle of the Bones. Politics, Science, Race and the Story of the Kennewick Man*, New York, Copernicus, 2000.

Frayn, Michael, *Copenhagen*, London, Methuen, 1998.

Fussman, Gérard (dir.), *Croyance, raison et déraison*, Paris, Odile Jacob, 2006.

Gingras, Yves, *Les Origines de la recherche scientifique au Canada. Le cas des physiciens*, Montréal, Boréal, 1991.

—, *Pour l'avancement des sciences. Histoire de L'ACFAS, 1923-1993*, Montréal, Boréal, 1994.

—, *Éloge de l'homo techno-logicus*, Montréal, Fides, 2005.

Gingras, Yves, Peter Keating et Camille Limoges, *Du scribe au savant, Les porteurs du savoir de l'Antiquité à la Révolution industrielle*, Montréal, Boréal, 1998.

Gove, Harry E., *Relic, Icon or Hoax ? Carbon Dating the Turin Shroud*, Bristol, Institute of Physics Publishing, 1996.

Grenet, Micheline, *La Passion des astres au XVIIIᵉ siècle. De l'astrologie à l'astronomie*, Paris, Hachette, 1994.

Homet, Jean-Marie, *Le Retour de la comète*, Paris, Imago, 1985.

Israel, Giorgio, *La Mathématisation du réel*, Paris, Seuil, 1996.

Jeanneret, Yves, *L'Affaire Sokal ou la querelle des impostures*, Paris, Presses universitaires de France, 1998.

Kevles, Daniel, *Au nom de l'eugénisme. Génétique et politique dans le monde anglo-saxon*, Paris, Presses universitaires de France, 1995.

Lecourt, Dominique, *L'Amérique entre la bible et Darwin,* Paris, Presses universitaires de France, 1992.

Lindberg, David C. et Ronald Numbers (éd.), *When Science and Christianity Meet,* Chicago, University of Chicago Press, 2003.

Lusignan, Serge, *La Construction d'une identité universitaire en France (XIIIᵉ-XVᵉ siècles),* Paris, Publications de la Sorbonne, 1999.

Marie-Victorin, *Science, culture et nation, textes choisis et présentés par Yves Gingras,* Montréal, Boréal, 1996.

Marks, Harry, *La Médecine et ses épreuves. Histoire et anthropologie des essais cliniques (1900-1990),* Paris, Les Empêcheurs de penser en rond, 1999.

Menahem, Georges, *La Science et le Militaire,* Paris, Seuil, 1976.

Morel, Christian, *Les Décisions absurdes. Sociologie des erreurs radicales et persistantes,* Paris, Gallimard, 2002.

Nouvel, Pascal (dir.), *Enquête sur le concept de modèle,* Paris, Presses universitaires de France, 2002.

Pagé, Pierre, *Radiodiffusion et culture savante au Québec (1930-1960),* Montréal, éditions Maxime, 1993.

Park, Robert, *Voodoo Science. The Road from Foolishness to Fraud,* Oxford, Oxford University Press, 2000.

Perrow, Charles, *Normal Accidents. Living with High-Risk Technologies,* Princeton, Princeton University Press, 1999.

Pontille, David, *La Signature scientifique. Une sociologie pragmatique de l'attribution,* Paris, CNRS éditions, 2004.

Putallaz, François-Xavier, *Insolente liberté. Controverses et condamnations au XIIIᵉ siècle,* Paris, Cerf, 1995.

Redondi, Pietro, *Galilée hérétique,* Paris, Gallimard, 1985.

Robin, Ron, *Scandals & Scoundrels. Seven Cases that Shook the Academy,* Berkeley, California University Press, 2004.

Schroeder-Gudehus, Brigitte, *Les Scientifiques et la paix. La communauté scientifique et l'internationalisme au cours des années 20,* Montréal, Presses de l'université de Montréal, 1978.

Seguin, Fernand, *Entretiens sur la vie,* Montréal, Beauchemin, 1952.

—, *La Bombe et l'Orchidée*, Montréal, Libre expression, 1987.

—, *Le Cristal et la Chimère*, Montréal, Libre expression, 1988.

Simon, Bart, *Undead Science. Science Studies and the Afterlife of Cold Fusion*, New Brunswick, Rutgers University Press, 2002.

Slaughter, Sheila, Larry L. Leslie, *Academic Capitalism. Politics, Policies and the Entrepreneurial University*, Baltimore, Johns Hopkins University Press, 1997.

Sokal, Alan et Jean Bricmont, *Impostures intellectuelles*, Paris, Odile Jacob, 1997.

Weart, Spencer, *The Discovery of Global Warming*, Cambridge, Harvard University Press, 2003.

Index

Table des matières

MISE EN PAGES ET TYPOGRAPHIE :
LES ÉDITIONS DU BORÉAL

ACHEVÉ D'IMPRIMER EN MARS 2008
SUR LES PRESSES DE MARQUIS IMPRIMEUR
À CAP-SAINT-IGNACE (QUÉBEC).